AF401626

Curiosités des Cinq
Parties du Monde.

VOYAGE

ET ADVENTURES

DE

FRONDEABUS,

FILS D'HERSCHELL,

DANS LA CINQUIÈME PARTIE
DU MONDE.

Ouvrage traduit de la langue Herschellique,

PAR L.-M. HENRIQUEZ.

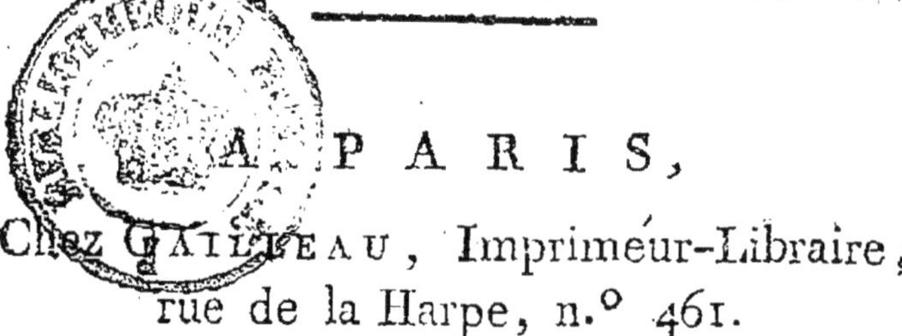

A PARIS,

Chez GATTEAU, Imprimeur-Libraire,
rue de la Harpe, n.º 461.

AN VII.

Je déclare que, d'après le traité fait
entre le citoyen Henriquez et moi, j'userai
de toute la rigueur des lois envers les fripons qui se permettraient de contrefaire le
roman intitulé : *Voyage et adventures de
Frondeabus, fils d'Herchell, dans la Cinquième Partie du Monde.*

CAILLEAU.

VOYAGE

ET ADVENTURES

DE

FRONDEABUS,

FILS D'HERSCHELL,

DANS LA CINQUIÈME PARTIE DU MONDE.

CHAPITRE PREMIER.

Comment le voyage de *Frondeabus* fut résolu par l'Institut-national d'Herschell; comment il voyagea de par le Monde, et comment il en découvrit la Cinquième Partie.

L'Institut-national d'Herschell tenait, un jour, sa grande séance; plusieurs membres avaient développé toute leur éloquence dans différens discours sur les objets de sciences et d'arts ; l'assemblée était sur le point de finir, lorsque l'astronome en chef entra dans la salle, et annonça qu'il venait de découvrir une nouvelle planette.

—A l'aide de nos télescopes, ajou-ta-t-il, non - seulement nous avons découvert la planette dont j'ai l'hon-neur de vous parler, mais nous avons bien distinctement apperçu qu'elle était habitée par de petits atômes, sans cesse en mouvement, à-peu-près comme des vers-à-soie qui rongent des feuilles de mûrier. Un de nos plus illustres membres avait donc rai-son de soutenir la possibilité de la pluralité des mondes ; il nous est fa-cile de nous en convaincre : je pro-pose d'envoyer un de nos collègues observer de près les êtres animés qui pullulent sur ce corps opaque ; ses rapports ne peuvent que devenir très-

intéressans, et, vous le savez, chers
collègues, il faut bien enrichir nos
mémoires académiques, autrement
que serions-nous, et qu'en dirait
l'histoire !

L'histoire, cette reine du monde...
l'histoire qui... l'histoire dont....

De nombreux applaudissemens in-
terrompent l'orateur...—Envoyons,
envoyons !—Qui, qui, qui?—Moi!
moi! moi! moi!—Non! non! non!
Et le président, de promener l'indis-
pensable sonnette sur tous les côtés
du bureau. Le silence se rétablit.

—Citoyens d'Herschell, collègues,
et vous, public, qui venez ici vous
instruire ; je suis le premier à applaudir à votre amour pour les sciences
et les arts, *pedibus, unguibus et
rostro :* mais si tout le monde parle,
personne n'entendra ; et vous êtes
tous pénétrés de cette grande maxime:
ratio est mobus infaillibile judi-

candi ; c'est pourquoi, comme président de l'Institut-national ; je re-
clame la parole ; *et verbo cuiquam
interdicto,* je propose à l'assemblée
un jeune savant, membre de ce
même Institut ; je pense que nous
aurons tous lieu d'être satisfaits de
notre choix. Vous devinez, sans
doute, que je parle d'un homme célèbre *doctriná , moribus et in-
genio...* et dans le portrait que je
viens de tracer, vous avez reconnu,
notre collègue, le citoyen FRON-
DEABUS !

— Bravo ! bravo ! Oui ! oui ! oui !
Frondeabus ! Frondeabus ! Aux
voix ! — Ce n'est pas la peine ! — Si
fait ! si fait !... — Aux voix ! — Drelin, drelin ! Silence ! — Je mets aux
voix, par assis et levés... Que
tout le monde reprenne sa place...

L'épreuve ne fut pas longue : le
jeune savant n'eut pas un académi-

cien contre lui... C'est ce qui n'arrive
point toujours dans certaines académies !

On s'attendait à un remercîment
bien phrasé, bien orné de toutes les
fleurs de l'éloquence ; mais *Frondeabus* plus laconique, répondit simplement. « Vous venez de me nom-
mer ; je vous remercie, et je ferai de
mon mieux : quand vous plaît-il que
je parte ? »

— Demain ! demain ! — Eh bien !
demain soit. Et *Frondeabus* reprend
son fauteuil.

C'était vraiment un aimable garçon que *Frondeabus*, il n'avait
guères que trois mille sept cents
quatre-vingt-dix ans et quelques
mois. Son cœur était bon, son esprit avait beaucoup de justesse : il
raillait agréablement, mais le sar-
casme ne souillait jamais ses lèvres :
la nature en avait fait un chef-

d'œuvre. Sa taille avait cent trente-
trois mètres de hauteur ; de longs
cheveux violets descendaient en
boucles sur ses épaules ; une étoile
éblouissante dominait sur deux sour-
cils verts qui formaient un bel arc
sur ses yeux aurores défendus par
une longue paupière noire ; son
tein avait la blancheur de l'albâtre,
et un léger bleu-de-ciel colorait ses
lèvres et ses joues. Une toque élé-
gante ornait sa tête ; ses habits
étaient tantôt d'une couleur, tantôt
d'une autre, mais toujours décens ;
car le véritable goût ne se laisse jamais guider par les caprices du premier muguet, et par la folie du jour.

L'assemblée se sépara une demie-
heure après la levée de la séance de
l'Institut..... On entourait le voyageur ; chacun le priait de rapporter
des curiosités... — Je rapporterai ce
que je trouverai d'utile et d'agréable.

Je vous demande bien pardon, si je ne reste pas plus long-tems avec vous ; mais il faut que je prépare mes affaires , car je veux partir demain matin.

Tout le monde s'attendait à l'accompagner jusqu'à l'endroit qu'il avait choisi pour son départ; mais *Frondeabus* profita de la nuit, et , s'élançant dans l'espace aërien , il dirigea sa route vers la nouvelle planette.

— Voudriez-vous bien, citoyen traducteur, nous dire comment *Frondeabus* s'y prit pour arriver sur la terre ? Voudriez-vous nous dire encore, comment il y fut reçu, et dans quelle partie du globe il fit sa première résidence ?

— Citoyens lecteurs, vous le saurez un peu plus tard : apprenez seulement que le planétaire d'Herschell après avoir parcouru l'Asie, l'Afrique, l'Amérique et l'Europe ; après avoir fait une riche collection de curiosités, se disposait à retourner dans son pays, lorsqu'un, jour se promenant en patins de Hollande sur les montagnes de glace qui bordent le *Groënland* ou *la Terre-Verte*, il apperçut un nouveau sol habité par des hommes à grands bonnets pointus : c'était précisément ceux qu'avaient découverts avant lui le célèbre *Bougainville*, et d'autres illustres voyageurs : mais, les énormes glaces, les rochers inaccessibles et couverts de frimats, les avaient empêchés d'aller visiter les bonnets pointus ; la différence du climat, l'opposition des deux températures de l'air, le contraste frappant d'un athmosphère nébuleux, avec le beau ciel de ce pays inconnu, augmentèrent les regrets des voyageurs européens : mais *Frondeabus* plus

heureux , en ce qu'il était d'une nature et d'une planette toute différente
des nôtres , eut bientôt franchi la
distance , et se trouva dans *la Cinquième Partie du Monde.*

—Mais, citoyen traducteur , comment y arriva-t-il ?

—Vous êtes bien curieux ? Vous
ressemblez donc à ces hommes qui ,
avant d'avoir vu une première re-
présentation d'une pièce de théâtre ,
veulent absolument connaître et l'intrigue et les personnages !

Néanmoins, je puis vous satisfaire
en partie. *Frondeabus* , malgré tout
l'extérieur d'un homme , avait, comme vous l'avez déjà appris , une fle-
xibilité dans les membres , et une
substance presqu'aërienne. Il n'eut
besoin ni de mongolfières , ni de ballons à la Garnerin , pour s'élever et
descendre en chaloupe dans le pays
de *Moria* ; il se précipita tout sim-

plement dans les airs , et , à l'aide de
ses ailes , dont j'avais oublié de vous
parler, parce que je ne les avais point
encore vues , il passa de nuages en
nuages , plana quelque tems sur notre
hémisphère , et , tirant sa lorgnette ,
il dirigea sa descente sur une plaine ,
et s'abattit enfin près de la ville principale de la Cinquième Partie du
Monde. Si vous voulez savoir ce qui
lui advint , vous l'apprendrez dans
le chapitre suivant.

CHAPITRE II.

Comment *Frondeabus* entra dans la ville principale du pays de *Moria* ; comme il fit connaissance avec un jeune Conscrit , et comment il fut forcé de mettre une patrouille sur les toits.

Depuis une heure , *Placidos* , jeune conscrit, de la quarante-cinquième demi-brigade, se promenait, le fusil sur l'épaule , devant une poterne de la ville de *Moria*. Le jeune militaire songeait à la gloire, et pensait à l'amour. — Si je pouvais, disait-il, en lui-même, si je pouvais obtenir le moindre avancement dans ma compagnie, je suis persuadé que le bon *Agros* me donnerait sa fille en mariage. Une fois que je posséderais ma chère *Sophiane*, je serais l'homme le plus heureux du monde... Hélas! j'oublie que le citoyen *Grapinotatos*, oncle de ma maîtresse, ne consentira jamais à notre mariage... C'est un riche fournisseur, lui! c'est un calculateur intrépide; c'est un diable pour l'argent. Et moi, je n'ai pas le sol... Mon père est un pauvre laboureur... Grands dieux, grands dieux! est-il possible que l'intérêt soit, dans *Moria*, le premier mobile de toutes nos actions!... Je suis-là, moi, en sentinelle... Je m'ennuie... et ma romance! tu l'as reçue, ma chère *Sophiane*, et tu la chantais tout bas... avec le mystère de l'amour.... Moi, j'en éprouve tout le feu!...

Placidos tire de son sein le portrait de *Sophiane*, il le couvre de baisers, et tousse pour mieux chanter sa romance, lorsqu'un nuage épais altère la clarté du soleil. Le conscrit lève les yeux... Il crie : *qui vive ?*

— Contre un nuage ? — Eh non ! contre *Frondeabus*, dont la taille extraordinaire était bien capable de porter la frayeur dans toutes les veines du jeune *Placidos;* mais on n'aurait pas même vu pâlir le jeune factionnaire. Néanmoins, il lui arriva un autre accident. Au troisième *qui vive*, le planétaire d'Herschell, en répondant, oublie d'adoucir sa voix, de sorte que la forte vibration de l'air, fit tomber le pauvre *Placidos.*

Frondeabus, désespéré de sa distraction, le relève et le trouve froid... Il le prend doucement, et le réchauffe avec son haleine. Le conscrit ouvre les yeux. — Tu trembles, lui dit *Frondeabus ?* — Oui, de froid, mais non de crainte. — Oh ! le joli petit enfant ! Ne crains rien, tu as raison... Je suis, au contraire, bien fâché de t'avoir culbuté d'un seul souffle... Mon petit factionnaire, que je m'en veux de ton accident !...

Et il continuait à le réchauffer, tantôt avec son haleine, tantôt en le mettant dans son sein, avec les mêmes précautions qu'une jeune fille place, entre ses mamelles naissantes, un serin ou un linot qui se trouve mal. Le voyageur s'asseoit sur une petite montagne qui était à côté de la poterne ; il interroge le jeune conscrit... Il apprend qu'il est à la porte de *Moria*, ville principale du pays de *Moria*.

—*Moria*, dit, avec réminiscence, le membre de l'Institut - national d'Herschell... *Moria !* mais, *Moria*, en grec, signifie *folie !* Parbleu, il serait bien plaisant, de terminer mon voyage sur la terre, par la découverte du pays des fous ! Cela est impossible ; il y en a trop chez toutes les nations des quatre parties du monde ! Je suis charmé d'en rencontrer une autre... Il me vient une idée bizarre... Qu'importe, je la suivrai.

Frondeabus allait continuer sa conversation avec le factionnaire, quand tous deux virent sortir de la poterne, un sergent et quelques fusilliers. Le sergent cherche après son soldat. *Frondeabus* s'amuse un moment de son inquiétude ; il tousse... on croit que c'est un coup de tonnerre... Enfin, le voyageur parlant à demi-quart de voix, appelle le sergent. — Mon camarade, que cherchez-vous ?...

Le sergent *Tintamarous*, vieux militaire, ne fut pas maître d'un premier mouvement de frayeur, en appercevant le planétaire, qui s'était relevé sur ses jambes.—Quel diable est-ce là? dit-il?—Citoyen sergent, je ne suis pas le diable; je me nomme *Frondeabus*, fils d'Herschell, et je voyage de par le monde : je sais ce que vous cherchez... c'est un jeune factionnaire que j'ai renversé avec ma voix; le pauvre garçon, malgré sa bravoure, avait froid, et je l'ai réchauffé; je l'ai mis dans mon estomach, dans ma cravatte, dans ma manche; je l'aurai mis je ne sais où, tant je suis fâché de l'avoir jeté par terre, rien qu'en lui parlant... Tenez, le voici... Reprenez-le... — Mais, mais, réplique le sergent *Tintamarous*, je ne conçois pas comment on peut-être si grand que vous !... Êtes-vous un homme?

— C'est selon, mon camarade... Mais je viens d'un pays où il y a très-peu d'hommes grands, et beaucoup plus encore, qui se croyent de

grands hommes. J'arrive ; j'apper-
çois que je suis sur le territoire de
Moria : je crois qu'en qualité de
voyageur, on ne me refusera point
l'entrée de la ville, et même la
liberté d'y séjourner. Dans tous les
pays que j'ai parcourus, j'ai joui de
ce privilège : il est vrai que je me
conformais toujours aux usages,
mais je ne faisais que ce que je devais.

— Qu'entendez-vous par le pays
d'où vous venez ? — Sans doute, citoyen sergent !... J'ai visité l'Asie,
l'Afrique, l'Amérique et l'Europe.
— Ma foi, je ne vous comprends
pas... Je ne connais point d'autres
pays que celui de *Moria*... Qu'importe, venez toujours avec nous ;
mais allez doucement, car nous ne
pourrions vous suivre, même au pas
de charge.

Arrivés à la poterne de *Moria*,

il n'y eut plus qu'une difficulté, celle d'y faire passer le planétaire. *Frondeabus*, toujours complaisant, se rapetisse et devient un homme d'une stature ordinaire. Le sergent *Tintamarous* croit faire la plus belle action du monde, en donnant ordre à ses soldats d'empoigner ce maudit sorcier : on se précipite sur lui ; le voyageur se laisse traîner jusqu'au corps-de-garde ; soudain il se rallonge, emporte tout le détachement, et les met, homme par homme, sur les toits de la ville.

Les habitans, effrayés du prodige, ferment leurs fenêtres et leurs portes, de peur que le géant ne les traite comme la garde. — Ne craignez rien, leur dit le fils d'Herschell, vous ne m'avez point fait de mal ; je punis simplement les auteurs de la violation du droit des gens.

Dans toutes les autres contrées où je me suis trouvé, personne ne m'offensait, et je n'offensais personne. Passe pour cette fois ; mais, à la première insulte, je déracine la ville et les faubourgs de *Moria*, et je les emporte dans la planète d'Herschell, dont je suis né natif.

Placidos ne s'était point mêlé de l'affaire, et ce fut pour lui un coup de bonheur, comme on le verra dans la suite. *Frondeabus* n'était plus fâché ; au contraire, s'il n'eut craint d'ébranler les maisons, en riant aux éclats, il aurait ri. Il y avait, en effet, de quoi s'amuser, en voyant une partie de la garnison sur les toits de la ville, et sur-tout, le sergent *Tintamarous* qui cherchait à descendre par une cheminée. — Ah, ah ! disait *Frondeabus*, cela vous apprendra l'hospitalité... Descendez comme vous pourrez.

Le peuple de *Moria* est comme tous les autres, extrême en tout ce qu'il fait. Soit crainte, soit justice, il passe d'une action à une autre toute opposée. L'artisan voulait faire sauter dans la rue le soldat qui cherchait à entrer par sa fenêtre pour regagner l'escalier ; un autre poursuivait le tambour sur les toits et dans les goutières. *Tintamarous* s'enfonce dans la cheminée; le pied lui glisse, il tombe dans une léchefritte, placée au-dessous d'une longue brochée de volailles qui rôtissaient pour le souper d'un fournisseur du pays de *Moria*. La robuste cuisinière prend une cuillière-à-pôt et le poursuit en l'arrosant : *Tintamarous* crie au feu! — Voyez-vous, ce menteur ! ce n'est que du jus de poularde ! eh, tu viendras tomber dans ma sauce! Attends, attends !...

La maîtresse du citoyen *Grip-*

pontatos se trouvait mal : on la fait revenir à force d'odeurs. — C'est incroyable ! c'est détestable ! c'est abominable ! c'est inconcevable ! indicible ! horrible ! une patrouille sur les toits, dans la cheminée ! Ces gens - là sont affreux ! interrompre mon repos ! gâter mon souper ; me donner des attaques de nerfs, au moins, pour trois semaines ! Ces gens-là sont détestables, avec leurs précautions !

Le citoyen *Grippontatos* revient de chez un de ses co-associés ; sa pesante voiture fait retentir la voûte du vestibule. Il monte tout essouflé, jette sur la table un gros sac plein d'or. On lui raconte l'histoire ; il ouvre bêtement sa grande bouche, et lâche un *bah !* c'est unique ! en ce cas il faut que je soupe.... — Qu'on serve monsieur ! De quel vin boira monsieur ? — Du vin *de la côte bouillie*.—*Rôtie*, que monsieur veut dire? — Rôtie, bouillie qu'est-que ça fait? c'est-y-pas la même chose? qu'on me serve, et que ça finisse par là.... On sert monsieur, et monsieur mange en tête-à-tête avec la citoyenne *Pudica*, qui ne peut pas manger, car c'est incroyable tout ce qu'elle souffre. Monsieur boit, mange, parle d'affaires. — Mon cher ami, j'aurai besoin de trois perruques. — Qu'on apporte, demain, trois ou quatre perruques de la dernière genre. — Mon ami, je n'ai plus d'argent. — Qu'on porte demain sur la toilette de madame, deux cens louis. — Mais, mon cœur, cela va te gêner! — Bah! bah! c'est une misère.... est-ce que je n'ai point la fourniture des armées! — Mon bon ami, je voudrais bien avoir de l'or potable. — Qu'on en fasse cuire pour madame. — Mais mon bijou,

je

je crois que c'est une liqueur ! —
Qu'on donne de la liqueur d'or à
madame.

La citoyenne *Pudica* n'avait plus
sa migraine ; elle se leva de table ,
passa dans son boudoir, et monsieur
la suivit , pour....

Pour revenir à *Frondeabus*, notre
planétaire avait repris son bon ami
Placidos, et l'avait prié de le conduire chez un officier public, afin
d'y faire sa déclaration. D'un autre
côté , le sergent *Tintamarous* ,
froissé, meurtri, enfumé, échaudé,
aspergé, bafoué, s'en retournait, le
ventre creux, faire son rapport au
capitaine. Le capitaine, déjà instruit par la renommée, qui publie
toujours le mal plutôt que le bien,
l'envoya en prison pour un mois ,
et le menaça de le faire passer au
conseil de guerre, afin de lui apprendre à exposer une autrefois un

détachement à se casser le cou : car, dans le pays de *Moria*, il était bien plus dans l'ordre de se faire tuer à la guerre que de mourir d'un accident.

L'officier public reçut le voyageur avec beaucoup de politesse ; il eut avec lui une longue conversation, qu'il termina par des offres de services, et par l'invitation à se rendre, le lendemain, au Conseil suprême de *Moria*. *Frondeabus* le promit ; mais il voulut aller souper et coucher chez le jeune conscrit. — Nous sommes pauvres, lui disait *Placidos*. — Eh, mon enfant, il n'y a pas de mal ! c'est dans la cabane de l'indigence que se cachent les vertus. Allons souper chez ton papa. Sur-tout ne parle en aucune manière de ce qui vient d'arriver. Je vais prendre la forme d'un soldat, et je veux que ton père ignore ce que je suis : il l'apprendra quand je le jugerai à propos.

Il fallut traverser toute la ville de *Moria*, sortir des faubourgs et marcher pendant une heure, pour arriver chez le père du conscrit. Il frappe : on ouvre. — Eh ! c'est toi, mon pauvre enfant ! mon cher enfant ! mais embrasse donc ta mère !... Entrez, entrez donc, monsieur le soldat ; nous ne sommes point riches, mais nous avons le cœur sur la main : vous ferez comme nous ; mon fils a dû vous dire ce qu'il en était. Vous êtes sans doute un remplaçant de conscrit ? que voulez-vous ! ceux qui ont le moyen de payer font bien de payer.... L'on ferait encore mieux si l'on ne se battait pas ; mais les hommes sont des enragés !.... Je bavarde-là, moi ! et ton père qui est couché ! il faut que je le réveille.

— Eh ! la maman, ne troublez

point son repos.... — Son repos ! il l'a perdu, monsieur le soldat, il l'a perdu.... Voilà son fils pour le lui rendre.... Si c'était vous seul, je vous dirais franchement : tenez, soupez, car nous avons soupé !.... Voilà le lit de notre garçon ; demain il fera jour et vous verrez notre homme. Mais son fils ! son fils ! mon mari m'en voudrait à la vie, à la mort.

La bonne mère va faire lever le père *Placidos :* le planétaire augure bien de cette famille ; et cependant il gémit en secret de voir toujours la simple nature sous le chaume, et si rarement dans les palais et dans les villes.

Le vieillard, en bonnet de laine, arrive, tend les bras à son fils, et pleure de joie en le serrant contre son cœur. — Pardon, mon camarade, si je m'occupe de mon enfant, sans avoir l'air de prendre garde à vous ; mais c'est que voilà près de quinze jours depuis son départ, et cette absence me paraît un siècle. Te voilà, mon enfant ! tu ne reviens pas encore tout-à-fait ! Hélas ! quand donc verrons-nous nos foyers habités, nos campagnes cultivées, et surtout la paix reconcilier les peuples de *Moria*, de *Pardipolis*, d'*Aquilipolis* et de tant de nations que l'Eternel n'a point semées sur la terre pour s'entr'egorger et se sacrifier aux caprices d'une poignée d'intrigans, qu'un souffle pourrait anéantir ! Des guerres, des trahisons, des partis, et toujours des hommes égorgés ! O mon pays, dans ma vieillesse, je n'ai que des larmes à t'offrir.... J'ai tout perdu : avec ma bêche j'ai retrouvé du pain ; je n'avais qu'un fils, il faut qu'il marche... O mon pays, je ne te le redemande point ; mais conserve ses jours ; c'est le vœu de tous les pères. La jeunesse est le premier trésor d'un empire : c'est à la prudence à le bien employer. Fasse le ciel qu'on ne le voie plus dépérir ?.... (*Il essuye une larme.*) Ma femme, réchauffe notre souper ; joins quelques fruits, un morceau de fromage : demain nous ferons meilleure chère... Va prendre du vin dans le petit coin ; notre camarade doit être altéré ; il faut boire un coup en attendant qu'on mange.... *Placidos*, aide ta mère.... tu es jeune, toi.... prends du pain frais dans la huche.... Attends, je vais mettre le couvert.... Mon cher hôte, vous prierez Dieu pour les maltraités.

Le couvert est prêt, le souper est sur la table ; les voyageurs mangent, on boit du vin de l'année.... — Il est un peu verd.... un peu dur.... il ferait danser les chèvres, n'est-ce pas ? mais il est tel que le bon Dieu nous l'envoie. Pourtant en voilà qui sera meilleur. Il y a dix ans que je le garde ; j'en ai encore quelques bouteilles ; nous en vuiderons une ou deux.

Le repas fini, le vieux *Placidos* se lève. — Ah çà, mes enfans, il est tard ; il faut vous coucher.... Ma foi vous coucherez ensemble comme à l'armée, à moins que je ne tire un matelas de notre lit. — Nous ne le souffrirons pas, bon vieillard. — Eh bien ! tenez, sans façon, cela me fait plaisir.... je suis accoutumé à mon lit.... Bon soir, bonne nuit.... à demain matin.

Le jeune conscrit ne demandait pas mieux que de dormir. A peine couché, il ronflait comme une pé-dale d'orgue. *Frondeabus* s'occupe de toute autre chose. Son hôte avait paru douter de l'arrivée d'un géant dans la ville de *Moria*, et n'était détrompé par personne. Il plonge le père et la mère de *Placidos* dans un profond sommeil. Dès le matin, il part sans leur dire adieu.

Madame *Placidos* se réveille.—Eh! mon homme! mon homme! qu'est-ce que c'est que ça?... Où sommes-nous? Ce n'est point là notre maison! Eh mon Dieu! ce n'est pas mon mari! — Qu'est-ce que tu dis donc, ma femme?... Mais ce n'est pas ma femme! — Si fait.... — Parbleu, non, tu étais laide, vieille.—Tu étais rechigné à faire peur. — Mon fils! *Placidos?* — Papa! maman!...Eh, où êtes-vous donc! où suis-je? qu'est-ce que je vois? je ne reconnais ni mon père, ni ma mère, ni ma maison! Papa! maman! où êtes vous? Monsieur, madame, rendez - moi mon père et ma mère!—Mais, mon cher enfant!— Laissez donc, pas de plaisanterie! je ne les aime point....

Autre part qu'ici, monsieur le mo-
queur, je vous couperais les oreilles...
Vous m'avez pris mon père et ma
mère.... J'en aurai raison. — Mais,
mon fils!.... est-ce que tu es fou?
— Morbleu, vous me feriez donner
au diable : j'étais hier dans une chaumière, aujourd'hui, maison nouvelle,
meubles nouveaux ; de l'or, de l'argent sur cette table ; rien de conservé que cette vieille table!.. Sérieusement, monsieur, répondez, car je
me sens d'une colère à jeter par la
fenêtre la maison et tout ce qu'elle
contient.

— Ecoutez, mon mari, je vais
bien savoir ce qui en est. Qu'avez-
vous cherché à faire cette nuit ? —
J'ai rêvé que je vous faisais un enfant, ma femme, et c'est du plus loin
qu'il m'en souvienne... — Il y a du
vrai, mon cher époux; si vous avez
rêvé, je ne rêvais pas, moi. — Eh

bien , ma femme , tant mieux , tant mieux ; cet événement extraordinaire , on ne peut pas plus extraordinaire , nous passe. Il me semble pourtant que je n'y perds point.... Vous aviez été jolie , fraîche comme une rose ; la fleur était desséchée , tombée...Elle renaît plus belle encore! Vous avez raison , ma chaste épouse. Je me perds sur le reste... Obéissons à la providence.

Vous voudriez bien savoir , chers lecteurs , comment se termina cette étrange altercation ? vous l'apprendrez plus tard ; car , dans le chapitre suivant, il n'est question ni du conscrit, ni de son papa, ni de sa maman.

CHAPITRE III.

Comment *Frondeabus* alla au Conseil Suprême de *Moria.* — Comment il y fut reçu. — De ce qu'il y dit, et de ce qu'il en advint.

Le Conseil suprême de *Moria* s'était assemblé dès le matin pour délibérer sur le cérémonial, avec lequel on devait recevoir cet étonnant voyageur, qui, tantôt nain, tantôt géant, prouvait qu'il était d'une nature extraordinaire. L'archevêque de *Moria* prétendait qu'il fallait préparer un bassin d'eau-bénite, dans le cas où le planétaire serait un diable; car, disait-il, je suis bien certain que l'eau-bénite est un remède souverain contre les entreprises du père du mensonge. — Monseigneur n'y pense point , répondait un vieux militaire ; car si l'étranger est effectivement un diable qui se rallonge et se racourcit comme on le dit ; quand il verra de l'eau-bénite , il se grandira tellement , que toutes les provisions d'eau que Monseigneur pourrait bénir , ne suffiraient point pour le mouiller tant-soit-peu.—Mais, honorable membre , vous ne savez donc pas qu'avec la foi on transporte des montagnes !—Eh , Monseigneur, c'est pour cela qu'elles n'ont jamais changé de place !.... Votre grandeur ne voit que Dieu et le diable, selon les circonstances. Je suis porté à croire que *Frondeabus* n'est ni l'un ni l'autre.... D'ailleurs, il faut l'entendre , ensuite vous le bénirez , vous le maudirez tout comme il vous plaira ; mais j'opine provisoirement pour qu'on le reçoive d'une manière honnête, car il ne faut jamais que le tort soit de notre côté.

La discussion sur le cérémonial fut interrompue par un bruit semblale à celui du tonnerre. C'était *Frondeabus* qui toussait dans les couloirs de la salle, et qui avait oublié de diminuer la force de sa voix.

Un huissier parle bas à l'oreille du président, qui, sur-le-champ, avertit l'assemblée de l'arrivée *impromptu* du planétaire. Aussitôt tous les membres du Conseil prennent une attitude imposante, et l'on envoye au-devant de l'étranger. L'archevêque pâlit, et fait pourtant une assez bonne contenance : l'opinant, qui avait écarté son eau bénite, rit sous cape. *Frondeabus* est introduit.

— Oh, point de façon, Citoyens, je n'en fais jamais ; on m'a dit que vous vouliez me voir, me voilà. (Il s'asseoit, malicieusement, à côté de l'archevêque. Celui - ci lui fait un petit salut de protection, prend son tabac, et joue avec son anneau pontifical.)

—Etranger, lui dit le président, nous savons ce qui s'est passé hier à la poterne de notre ville principale : nous sommes fâchés du désagrément que vous avez éprouvé ; il y a toujours des hommes qui outrepassent leurs devoirs ou bien qui les négligent.

— C'est ce que je n'ai jamais vu dans les quatre parties du Monde que je viens de visiter, répond le planétaire : il s'en faut bien que l'on se permette la moindre violation du droit des gens ; les personnes et les propriétés sont respectées au-delà de tout ce que je puis vous en dire ; mais l'éducation fait tout, et il est possible que, dans *Moria*, quelques hommes en manquent : on leur en donne à leurs dépens, et ils deviennent plus traitables.

L'archevêque, en entendant parler des *quatre parties du Monde*, quitte sa place, traîne son gros ventre et le reste de son individu vers la tribune. — Messieurs, quand je vous disais qu'un bassin d'eau-bénite.... — A l'ordre! — Messieurs, j'ai la parole. — Eh! parlez donc sans déraisonner! — Messieurs, on manque à la sainteté de mon ministère. — Et l'archevêque manque à l'assemblée! — Messieurs, je vois avec douleur qu'un esprit de fausse philosophie vous égare et vous éloigne des bornes, je ne dis point de notre auguste religion, mais de la raison simple. Un être inconnu, indéfinissable selon vous, mais que j'assure être un démon, vient vous parler de pays qu'il a parcouru, des quatre parties du Monde qu'il a visitées! Il nous prend donc pour des imbécilles! Il nous croit donc

dépourvus des plus légères connaissances humaines ! Non, Messieurs,
non, je ne puis souffrir qu'on vous en
impose d'une façon aussi grossière.
Que veut-on dire avec les quatre
parties du Monde ! Quelle est cette
proposition erronnée qu'on ose avancer ? Il n'existe point de parties du
monde ; il n'y en a qu'une, et c'est
la nôtre.

— Je demande bien des pardons
à monsieur l'orateur ; mais avant de
découvrir le pays de *Moria*, je puis
vous assurer que j'ai voyagé en
Asie, en Afrique, en Amérique, et
sur-tout en Europe. Nulle part je
n'ai rencontré d'hommes assez bornés
pour rejeter comme mensonge, et
vouloir qu'on traitât d'imposture tout
ce qui ne peut entrer dans leur
étroit entendement. Je ne me gêne
point, comme vous voyez, pour
dire la vérité, toutes les fois que

vous voudrez l'entendre : je ne prétends point vous éclairer, Citoyens ; mais, d'un autre côté, je ne desire point aller à l'école de votre archevêque, brave homme, sans doute, mais un peu tenace dans ses petites idées, ou idées petites, comme on voudra ; très-savant pour son métier, j'aime à le croire, mais pas assez pour entrer avec moi dans des discussions scientifiques ; fort honnête quand il y pense, mais en ce moment, un peu trop impoli. Je ne suis point un Dieu, je ne suis pas non plus un diable, je suis tout bonnement *Frondeabus*, fils d'Herschell, ou habitant d'Herschell, planète qui n'est pas, sans doute, dans le calendrier de monseigneur, mais qui n'en existe pas moins dans l'espace azurée que vous appelez *le ciel*. Je pourrais vous décliner toutes mes dignités, toutes mes qualités, mais, sur-tout à l'exemple des sages européens, je ne m'honorerai auprès de vous que d'un seul titre, de celui de membre de l'Institut-national d'Herschell, ou de savant dans mon pays, au cas que votre archevêque ne connaisse point ce que c'est qu'un académicien.

L'archevêque descend de la tribune au milieu des éclats de rire de l'assemblée. — Qu'est-ce que cet homme, disait-il tout bas? il m'en impose, et je ne sais que répondre!

Un coup de sonnette rétablit la majesté de l'assemblée. *Frondeabus*, invité par le président à faire une description de ce qu'il appelle les quatre parties du Monde, tire de sa poche un livre; c'était une dernière édition d'une des meilleures géographies, dont je ne citerai point l'auteur, parce qu'un autre géographe prétendrait mieux valoir, et que les querelles entre savans ne valent rien du tout. La forme du volume, les cartes, les mappes-monde, tout cela était nouveau pour le grand Conseil de *Moria*. Le planétaire en fait hommage, et demande une commission d'examen. Un honorable membre appuie et propose l'Archevêque : celui-ci refuse, sous prétexte de ses grandes occupations ; mais on savait un secret que monseigneur n'avait jamais appris à lire, quoiqu'il fût docteur en théologie dans l'université de *Moria* ; ce que *Frondeabus* trouva depuis extraordinaire ; car, disait-il, en Europe sur-tout, on ne voyait aucun docteur ignorant, aucun âne mîtré, aucun savant immodeste, aucun homme instruit sujet à l'orgueil. Il mentait par fois, ce citoyen *Frondeabus*, mais il avait ses raisons. — Eh, quelles raisons ? — Ecoutez, puisque les quatre parties du Monde

sont incorrigibles , et que le planétaire n'avait pu les rendre meilleures,
il voulait du moins faire accroire à
des peuples qui n'avaient point de
relation avec nous , que les quatre
parties de notre globe ne ressem-
blaient aucunement à la cinquième ;
qu'on n'y voyait que la vertu en
place , que le mérite récompensé,
que la probité , etc. , etc. En un mot,
il mentait mille fois par heure ; mais,
comme je viens de vous l'observer ,
c'était pour détruire au moins la
corruption , les vices , les ridicules
même du peuple de *Moria* , et vous
faire rougir de toutes vos espèces de
travers , de bévues politiques , civiles , scientifiques, etc. , etc. ; etc. , etc.
Revenons à la séance.

La commission nommée ; un autre
conseiller proposa de créer une nouvelle place , et de faire entrer *Frondeabus* dans la haute magistrature :

il appuyait son opinion de raisons excellentes ; mais ces raisons ne le parurent point à *Frondeabus*, comme on va le voir.

— Citoyens de *Moria*, dit le planétaire, la plus grande sottise que vous puissiez faire, c'est de vous confier comme cela, tout de suite, et sur-le-champ, à un étranger que vous ne connaissez point. Il n'en est pas de même dans les quatre parties du monde, et sur-tout en France ; on y craint toujours qu'un étranger en place soit un ennemi, feignant de respecter les lois de l'état ; proscrit de son pays, il faut bien qu'il cherche fortune ailleurs, et n'importe aux dépens de qui.... Ne croyez pas cependant que ces hommes à double face, soient aussi communs en France que dans le pays de *Moria* (pardon du mauvais compliment) ; mais, en Europe, en France,

je le répéterai toujours, on ne regarde la trahison que comme une
faiblesse, et l'on y croit si peu, que
quand elle existerait, on révoquerait
en doute sa réalité. Vous autres, plus
méfians, parce que vous avez moins
de vertu (pardon encore du mauvais compliment), vous lancez des
anathêmes politiques contre les perfides ; vous n'avez point tort, car,
qui vous a dit que ce même homme
que vous aurez accueilli, hospitalisé,
nourri, indemnisé, ne profitera
point de vos bévues ? qui vous a dit
qu'il ne découvrirait point à ses compatriotes, vos ennemis, peut-être,
tout le fort et le faible de votre gouvernement, la versatilité de l'esprit
public, l'immoralité politique et religieuse, l'état de vos finances, la
situation de vos armées, les qualités
du cœur et de l'esprit des administrans, les intrigues des agens de

second, de troisième, de quatre mil-
lième et dernier ordre ? J'ai voyagé,
vous dis-je, dans l'Asie, dans l'Afrique, dans l'Amérique et dans l'Europe ; l'on s'y garde bien de donner
sa confiance à des transfuges, à des
peuples conquis, enfin, à tout ce
qui n'est point originaire de la nation. Jamais, chez ces peuples sages,
vous ne trouverez un étranger à la
tête des affaires ; on ne lui confie
pas même le moindre poste ; aussi
l'on est heureux : pourquoi ne voudriez-vous point imiter les peuples
des quatre parties du Monde ?

Plus d'une fois, Citoyens, vous
l'avez dit : ne changeons point de
gouvernement comme de chemise...
Si l'expression n'est pas fort noble,
elle est du moins bien vraie.... Je la
prends pour mon texte...

Naguères la monarchie héréditaire était reconnue comme indis-

pensable, soutenue comme légitime,
défendue comme de droit divin. Vous
me permettrez de vous dire que vous
n'aviez pas le sens commun; car votre roi pouvait être un excellent
prince, et son fils un très - mauvais
sujet... Comment vous étonniez-vous
alors du déficit dans les finances,
des guerres suscitées, des intrigues
continuellement ourdies? Tel maître,
tel domestique! Votre roi ne valait
rien, ses ministres valaient encore
moins.... Courtisans et flatteurs, mi-
gnons et maîtresses, tous se réunis-
saient autour du trône.... Le caprice
du monarque était la loi du peuple;
les écrivains chantaient ses louanges
pour mériter leurs gages, ou tâcher
d'obtenir du pain. C'était le peuple
qui payait les folies de son tyran,
et quand il se montrait dans tout son
faste, quand il promenait ses regards
orgueilleux sur une multitude hébé-

tée,

tée, la multitude criait : *vive le roi*, et se serrait le ventre quand on ne lui jetait pas *pour boire*... Les ministres de la religion étaient encore d'autres tyrans plus perfides, plus cruels que l'homme couronné....... C'était de votre argent que dépendait votre damnation ou votre salut... Payez bien le révérend, et croyez en Dieu, si vous voulez....

A la louange des peuples des quatre parties du Monde, je dirai que ces forfaits politiques ou religieux leurs sont inconnus.... Vous seule, ô nation de *Moria*, vous seule êtes tombée dans le paneau, et cela pendant plusieurs siècles.

Un beau jour vous vous fatiguez de ce manège ; votre gouvernement est simplifié ; mais vous avez la sottise de laisser auprès de votre roi tout ce qu'il fallait en écarter. Vous

voilà tombés de fièvre en chaud-
mal...., Je ne vous dirai rien de ce
qui vous arriva pendant la durée
de votre première constitution.... Il
fallait, pour la maintenir, et plus
de bonne foi dans les gouvernans,
et plus de prudence de la part des
administrés.

Je vous l'avoue, la peine de mort
me paraît illicite ; le crime n'est
point assez puni par l'effusion du
sang.... C'est l'esclavage, c'est le
remords qui peuvent seuls arrêter
les forfaits.... Le scélérat dit : il ne
m'en coûtera que la tête.... quand
je serai fatigué de crimes, je serai
las de mon existence : et la scélératesse se multiplie. Un tygre dans
une cage de fer est plus effrayant
que quand il est empaillé.... Vous
devez m'entendre..... Mais vos lois
existent dans un sens contraire à
mon opinion, je ne prétends point

mettre mon opinion en parallèle avec vos lois.

Je passe à l'époque de la destruction du trône de *Moria*.... Elle aurait dû être antérieure, et mieux combinée.... Qu'arrive-t-il? La scélératesse s'unit à l'intrigue; chacun se fait un parti; le plus faible se réunit au plus fort, et vit.... aux dépens de qui? de la contrée de *Moria*, de la république informe de *Moria!* Les voleurs publics prêchent l'égalité; ils assassinent les riches, paraissent jeter leurs dépouilles aux pauvres; et la multitude de se croire heureuse, libre, souveraine, etc. etc. etc.... L'esprit national est mort; plus de patriotisme, mais une anarchie destructive.... Votre savetier est votre magistrat; et votre magistrat périt d'inanition, parce qu'il ne sait pas recarler une paire de bottes..... Qu vous fait détruire, briser, incendier les monumens des sciences et des arts.... Pauvres machines ! vous croyez opérer le bien... On vous démoralise, et vous vous croyez le peuple le plus éclairé de la cinquième partie du monde ! Une poignée de faquins, de brigands, plante des échelles à la porte de vos temples ; et par-tout on voit, sur les murs, le certificat de résidence donné à l'éternel : *le peuple de Moria reconnaît l'Etre suprême et l'immortalité de l'ame !*.... Qui vous a dit qu'un chien n'en croyait pas autant que vous... Refuser aux bêtes la faculté de penser, c'est une folie.... Sous ce rapport, combien d'hommes au-dessous de la bête ! Oh ! que les nations européennes voyent bien mieux que vous !... Enfin, ce qui est fait est fait.... Ne parlons plus d'échafauds élevés, ensanglantés par ceux qui méritaient d'y périr, et qui

n'ont pu s'y soustraire. J'ajoute néanmoins que toute réaction fut nuisible.
La vengeance a plus d'une fois rem-
placé la justice, et le peuple a toujours été l'instrument des factions,
et leur première victime.

Proscrire les lumières et les talens
d'un état, c'est le traîner à sa ruine ;
c'est le livrer à ses ennemis... Vous
étiez donc sur le point de tomber
dans le dernier désastre, lorsqu'une
troisième constitution remplaça la
première, insuffisante ; et la seconde
trop indigne d'un peuple qui veut
être homme.

Cette constitution est encore chaque jour altérée par des intrigues
sans cesse renaissantes : vous en pâti-
rez encore, si vous ne prenez garde
à vous.

Imitez, je vous le répette, en finis-
sant un discours qui ne vous est point
fort agréable sans doute, imitez les

européens, et sur-tout les français constitués en république. Ce peuple ne connut jamais ce que c'était que l'esprit de parti, source de tous vos maux : un jour il ne voulut plus vivre sous le sceptre d'un roi ; le lendemain il fut républicain ; et depuis ce tems il existe tranquille (1).

Peuple de *Moria*, administrans, administrés, je me résume : vous pouvez être la nation la plus heureuse du monde, si vous parvenez à éteindre toutes les factions, à écarter des places tous les intrigans, à réprimer la fougue du fanatisme. Monseigneur votre archevêque, qui

———————————————

(1) *Tranquille !* (*Note de l'éditeur.*) Ici le citoyen *Frondeabus* ment un peu trop fort ; mais quand on veut le bien, on croit souvent qu'il est fait... *Fiat lux, et facta est lux !...* Espérons que ceci ne sera pas toujours un rêve !

damne tout le monde, quand on le contrarie ; qui veut me faire prendre un bain d'eau-bénite ; devrait plutôt s'occuper du calme des consciences ; et, s'il ne veut pas suivre l'exemple des pontifes des quatre parties du Monde, qui prêchent l'union des cœurs, n'importe la diversité d'opinion religieuse ; qu'il retienne au moins cette maxime d'un grand homme : *charitas patiens est ; non æmulatur*. Dans le fond de son cœur, il me maudit, je le sais ; il prévoit que je suis disposé à le contrarier ; mais que voulez-vous ! je n'attaque jamais ; si je suis provoqué, cela devient différent ; Monseigneur l'archevêque a commencé, je ne sais plus quand je finirai avec lui. Il n'en est pas de même de vous à moi. Je termine en vous remerciant de l'offre que vous me faites de siéger parmi les Grands Conseillers de *Moria* ; je ne puis accepter cet honneur ; car, d'un instant à l'autre je puis m'en retourner dans la planette d'Herschell, ma patrie ; et je desire bien sincèrement d'y porter la meilleure opinion possible du peuple de *Moria*.

En même-tems *Frondeabus* disparut, sans donner au président du Conseil le tems de lui faire réponse au nom de l'assemblée. — Quel être singulier, disaient entr'eux les grands conseillers, nous ne sommes jamais si contens que lorsqu'on nous complimente, et il se dérobe aux applaudissemens ! — Attendez qu'il les mérite, répond l'archevêque. — Eh, Monseigneur ! si l'on ne vous avait applaudi que quand vous en donniez l'occasion, nos mains seraient toujours restées dans nos poches !

CHAPITRE IV.

Comment *Frondeabus* retourna chez le bon *Placidos* ; et comment celui-ci se plaignit du changement de son état. — Comment *Frondeabus* eut une entrevue avec la jeune *Sophianc*.

Nous avons laissé *Placidos* le père, sa femme et son fils, dans un étrange embarras. *Frondeabus* vient les en tirer ; mais quelle sera sa surprise !

— Eh bien, mes chers hôtes, leur dit le planétaire, comment vous trouvez-vous ? — Malheureux ! qu'avez-vous fait ? est-ce ainsi que vous reconnaissez l'hospitalité ! Nous étions tranquilles sous notre chaume, et vous métamorphosez notre cabane en une sorte de palais ! Nous étions vieux, et vous nous rajeunissez ! A peine avons-nous pu nous reconnaître ; notre fils même s'est emporté contre nous ; il nous a presque maudits... Qui êtes - vous donc, pour changer ainsi la destinée ?

— Vos reproches me font rire, ma pauvre madame *Placidos*, et je ne vois point que vous ayez lieu de vous fâcher, parce qu'il m'a pris fantaisie de plaisanter un moment avec votre chaumière. Si j'ai le pouvoir de faire le bien, je n'ai pas celui de faire le mal ; je jouirais de ce cruel privilège, que je ne m'en servirais jamais. Vous vous plaignez de n'être plus pauvre ! chère maman, vous n'avez point encore réfléchi... Je ne vous demande aucune marque de reconnaissance ; mais du moins, ne me querellez point.

Il allait continuer ses remontranees, lorsque *Placidos* rentra, accompagné de son fils. — Vous êtes une intelligence toute céleste, lui dit le veillard rajeuni ; et je conçois maintenant que la sagesse humaine est bien bornée, puisqu'elle n'admet que ce qu'elle connaît, ou tout au plus ce qui lui paraît vraisemblable. Je vous avoue néanmoins que mon changement d'état me cause beaucoup de peine. J'entre chez des amis, ils ne me reconnaissent point ; en vain je leur révèle ce qu'ils m'ont confié dans le plus grand secret ; ils me disent que le vieux *Placidos* m'a instruit de leurs pensées, de leurs actions, de leurs affaires ; mon fils a beau leur assurer qu'il s'est trouvé dans un semblable doute, ils lui répondent qu'il extravague, et qu'un jeune homme devrait rougir de se prêter au mensonge. Rendez - moi mes années, mes rides et ma chaumière ; reprenez vos richesses ; répandez sur d'autres les bienfaits dont vous venez de me combler : il me sera plus facile, plus doux, plus consolant même de supporter ma misère, que de soutenir le fardeau de l'opulence.

— Brave homme, vous êtes le premier de votre espèce qui m'ait parlé de la sorte : vous causez à la fois et mon étonnement, et mon admiration. Il m'est impossible de détruire mon ouvrage ; mais il m'est fort aisé de diminuer votre chagrin en vous rendant vos amis : quant à vos années, leur nombre est toujours le même ; votre vieillesse, exempte des infirmités qui conduisent l'homme jusqu'au tombeau, votre vieillesse sera prolongée ; un sommeil paisible vous ouvrira les portes de l'éternité, mais ce que vous appelez *la mort* ne vous frappera point dans ce monde. Vous ne changerez d'existence que quand vous n'aurez plus rien à regretter dans votre pays. Tout ceci est pour vous une énigme ; vous en aurez un jour l'explication. Mon cher *Placidos*, il faut absolument vous résigner à votre sort ; je vous le répette, je ne puis le changer, au contraire, il dépend de moi d'augmenter vos richesses... Voyons, quel usage comptez-vous en faire ?

—Quel usage ?.... hélas, je crains à présent que mes trésors ne me suffisent point !.... — Ils seront inépuisables ! — Ah ! mon pays est sauvé, s'écrie *Placidos*, avec cet élan sublime d'un bon cœur !

Frondeabus ne put retenir ses larmes ; il serra le vieillard contre son sein ; il disait, avec enthousiasme : « enfin, j'ai trouvé un homme ! »

Le jeune *Placidos*, témoin de

cette scène, toute nouvelle pour lui, n'osait lever les yeux, et son cœur, gros de soupirs, avait peine à renfermer son chagrin. D'un autre côté, la bonne mère ne savait si elle devait parler ; *Frondeabus* les devina tous deux. — Que feriez-vous de votre argent, maman *Placidos ?* — Moi ! moi ! que mon mari m'en donne, et je vais, sur-le-champ, dégager mon fils de sa conscription et mettre quelqu'un à sa place ! — Non, ma femme, non, que d'autres achètent les hommes, mon fils est tombé au sort ; il portera les armes jusqu'à ce que mon pays soit tranquille.—Eh ! malheureux, si un coup de canon!.... Mon mari vous n'avez point d'entrailles ! — Ah, ma femme ! que vous me faites mal ! pouvez-vous douter du cœur d'un père !

— Eh bien, misérable ! rends-moi mon fils. — Oui, et qu'un

autre aille se faire tuer à sa place, n'est-il pas vrai? — Mon Dieu! mon Dieu! que je suis malheureuse! Tu crois donc, ame de roche, tu crois donc être bien patriote, en endurcissant ton cœur! La belle chose que ta patrie! sait-elle seulement si tu existes? Tu veux t'illustrer, en répandant le sang de ton fils, en devenant le bourreau de ta famille! — Cruelle femme! tu me déchires!.... Non il n'est aucun tourment plus épouvantable que celui que tu me fais souffrir! Tu me reproches ma barbarie! Va, je sais être père, je le suis.... mais la société n'a-t-elle pas des droits sur nous?.... Tu me reproches de laisser mon fils sous les drapeaux.... Eh bien! je prends sa place....

— Vous, mon père! vous! jamais je ne le souffrirai.... Veut-on que je passe pour un lâche? Je respecte les auteurs de mes jours , je leur obéirai ; mais je ne me deshonorerai point. Sans doute , j'aimerais mieux passer toute ma vie auprès de vous ; j'ai besoin de vous aimer, de vous chérir ; mais aussi j'ai besoin de vous défendre.... — Et toi aussi, mon enfant , tu te mets contre ta pauvre mère ! — M'en préserve le ciel ! mais je me dois à mon pays , et malgré que la conscription retarde tous mes projets d'établissement , je ne veux point m'y soustraire. On ne meurt pas toujours parce qu'on se trouve dans une bataille. Si le sort des armes m'est contraire, je périrai en vous regrettant , en pleurant ma chère *Sophiane;* mais aussi je mourrai sans reproches.

Frondeabus écoutait, avec plaisir : cette altercation toute nouvelle pour lui. Jamais, se disait-il , jamais on n'a mieux raisonné dans les quatre parties du Monde ! Il fallait venir dans la Cinquième, pour connaître enfin ce que c'était qu'un beau jeune homme, fils respectueux, tendre amant et bon citoyen.

Madame *Placidos* insistait toujours, le fils répliquait, le père était toujours ferme, le planétaire ne disait rien.—Eh bien, dit cette mère désolée, si vous persistez pour la conscription en personne, achetons du moins, à notre fils, des épaulettes de capitaine ou de général ; elles ne seront point les premières vendues.

— Fi donc, maman, vous n'y pensez point ! Est-ce que le talent militaire s'achète comme une maison ou un pré ? *Je* sais bien que certains ministres de *Moria* ont mis les grades à l'encan, aussi ne faut-il plus s'étonner de nos défaites. Je brûle de me distinguer, je suis simple fusillier, demain, peut-être, serai-je caporal; car, malgré nos travers politiques, il existe une certaine justice dans nos armées; ma petite maman, je vous assure que quand j'en aurai toute la capacité, je ne demanderai pas mieux que d'être général, et même général en chef. Mais il faut bien du tems, bien de l'expérience, et je ne suis qu'un enfant. Nous voilà riches, grâces à la bienfaisance du citoyen *Frondeabus*, mais est-ce une raison pour m'acheter des épaulettes? avant de commander, il faut savoir obéir; et jamais l'ambition d'un grade militaire ne balancera, dans mon cœur la certitude de faire périr des hommes, par mon ignorance dans la profession des armes. La guerre ne durera pas toujours; mais l'honneur survit à la mort. En supposant que je sois tué, je veux que l'on dise de moi : il est mort sans peur et sans reproche. Voilà ma façon de penser. Je vous avoue, cependant, que mon amour, pour *Sophiane*, cherche à vous intéresser, et demande quelques petits sacrifices. Monsieur *Grippontatos* ne s'opposerait plus à notre mariage.

— Je suis content de mon bon ami *Placidos*, répond le fils d'Herschell ; je dirai même, à sa louange, que j'ai entendu peu de jeunes gens raisonner comme lui. Je dois le récompenser ; j'entends toujours parler de *Sophiane*, il faut que je la voie.... — Je vais vous y conduire.— Mon bon ami, j'irai sans vous, je sais où elle demeure ; je vous dirai plus, c'est qu'en ce moment, elle s'occupe à tresser des cheveux, pour faire un cordon à la montre que vous avez dans votre poche. — Une montre ! à moi !—Eh sans doute ! — Ciel ! dans mon gousset !.... une S. un P. marquent les heures et les minutes ! C'est un présent que je reçois de vous.... Je le garderai toute ma vie.

Placidos se retourne et voit *Sophiane* dans les bras de sa mère.— Te.... vous voilà ? Mais tout ce qui se passe est extraordinaire ! Puissant Génie , ne me causez point d'illusions ; la plus agréable me deviendrait la plus amère. — Vous ne raisonnez point , mon bon ami ; douter de mon inclination à faire le bien , c'est m'outrager. Je ne me fâcherai point contre vous , parce que vous êtes amoureux ; j'ajoute même que , si je voulais me mettre en colère , le pardon se peindrait dans les yeux de la belle *Sophiane* , et cette charmante demoiselle obtiendrait de moi tout ce qu'elle voudrait.

Sophiane avait toute la timidité de l'innocence ; elle en avait encore les charmes. Une aimable rougeur redoubla l'incarnat de ses joues, et son silence fut plus expressif que toutes les réponses imaginables. *Placidos* la regardait, il s'approchait d'elle, lui pressait la main... et par un mouvement spontané, tous deux se précipitèrent dans les bras du fils d'Herschell. Celui - ci, né galant, cueille un baiser sur les lèvres de *Sophiane.* — Je me paye par moi-même de tous mes actes de bonne volonté ; que voulez - vous, femme jolie rend quelquefois trop exigeant. Parlons sérieusement , mes chers amis , il faut que notre enfant aille rejoindre sa demi-brigade : la guerre ne durera plus long-tems ; un grand coup sera porté... La paix descendra du ciel , reconciliera les nations avec les nations ; elle fera embrasser les peuples en frères. Avant ce tems, *Placidos*, couvert de gloire, et peut-être de blessures honorables, épousera l'aimable *Sophiane*, et *Sophiane* lui donnera des enfans qui seront véritablement de la famille. C'est ce qui n'arrive pas toujours dans le pays de *Moria*.

Il est inutile de raconter tout ce que la reconnaissance fit dire à nos jeunes amans. La mère *Placidos*, devenue un peu plus raisonnable, eut encore le courage de faire le havresac de son fils; celui-ci partit le lendemain au matin, et rejoignit sa demi-brigade.

CHAPITRE V.

Comment *Frondeabus* découvrit ses projets
au père *Placidos*, et comment celui-ci
le conduisit d'abord chez une femme
comme il faut, ou plutôt *comme il n'en
foudrait pas.*

ÉCOUTEZ, père *Placidos*, dit le
fils d'Herschell au vieillard rajeuni,
plus nous causons ensemble, plus je
me sens porté, entraîné à vous aimer, à vous être utile ; est-ce trop
exiger que de vous prier de me servir de guide dans le pays de *Moria ?*
J'ai formé le projet de le bien connaître, d'étudier les mœurs de ses
habitans : vous ne pouvez, sans exa-
gération, me dire du bien ou du mal
de vos compatriotes ; la sagesse humaine a toujours son faible ; je suis

absolument impartial , puisque je n'appartiens à aucune nation des cinq parties du Monde ; je n'exige de vous que la complaisance de me conduire dans les endroits les plus curieux de *Moria*, et chez certaines gens , bien ou mal dans l'opinion publique. Souvent je me promenerai seul, afin de vous laisser plus de repos. Souvent encore il me prendra fantaisie d'employer des métamorphoses bizarres ; alors il faudra me garder le plus profond secret , autrement nous ne serions plus amis, et je n'aime à me brouiller avec personne.

On s'imagine bien quelle fut la réponse du vieux *Placidos*. Il ajouta seulement une réflexion fort sage : — Nous ne mettrons point, dit-il, notre ménagère dans le secret; les femmes sont bavardes, sur-tout quand elles deviennent vieilles : la mienne,

mienne, de ce côté, tient parfaite-
ment de son sexe. Je m'étonne
même que tout le voisinage ne soit
pas déjà instruit de ce que vous
faites pour nous. — Je ne m'en
étonne point, mon cher ami ; elle
voudrait parler de tout ce qu'elle
voit, qu'on ne la croirait point ; elle
voudrait conduire chez vous toutes
les commères , pour leur montrer
ses richesses , en meubles , en
argent, que celles-ci la traiteraient
de folle , car elles ne verraient
qu'une chaumière, et que quelques
pièces de monnaie dans son coffre
fort. Mais pour ne point l'exposer
à ce ridicule, j'ai pris le parti de
lui ôter la mémoire sur-tout ce qui
vient de se passer. Je lui rendrai
toutes ses jouissances quand nous
nous réunirons ; une fois séparés ,
votre femme retombera dans une
sorte de léthargie d'esprit , c'est

D

le moyen de la faire taire. Maintenant, que ferons-nous ce soir? J'ai entendu parler d'une célèbre courtisanne ; je veux la voir. — Il est un peu difficile de l'approcher. — Pas du tout ; dans les quatre parties du Monde, l'objet le plus futil devient la clef du boudoir des jolies femmes ; et celles de *Moria* ont sans doute l'esprit aussi léger que les européennes. Prenez une cage, je vais me transformer en perroquet.

Frondeabus est dans la cage ; *Placidos* a repris les traits de la vieillesse ; il marche lourdement, appuyé sur un bâton noueux. — Où me conduisez - vous, lui demandait le planétaire ? Chez madame *Pudica* ; c'est la plus grande coquette du pays, et la favorite privilégiée du fournisseur *Grippontatos*. — Eh bien, allons chez madame *Pudica !*

Il était neuf heures du soir, et

plus de cinquante personnes attendaient, dans l'anti-chàmbre, qu'il
fût jour chez madame.

Placidos entre avec son perroquet ; soudain on lui fait place, on
admire le superbe plumage de l'oiseau... Jamais on n'en avait vu de
pareil...— Je donnerais mille écus,
disait l'un, pour le présenter à madame... — J'en offrirais six mille,
ajoutait l'autre.... — Bon - homme,
reprit un troisième, suivez-moi dans
le coin de cette fenêtre, il faut que
je vous parle....

— Ecoutez, mon ami, je suis un
des plus riches fournisseurs des armées : je viens voir madame, et la
prier de me faire avoir certaine en-
treprise. Je vous achète votre perroquet, et j'en donne, provisoirement, quinze mille écus, or ou argent,
comme vous voudrez... — Citoyen,
je suis fâché de vous refuser, mais

je ne puis vendre ce qui ne m'appartient pas....

— L'imbécille ! répond, en jurant entre ses dents, le citoyen fournisseur, on voit bien que tu n'es pas à la mode, encore moins à la hauteur des circonstances !

Le valet-de-chambre de madame avait remarqué le perroquet, et méditait une annonce. — Un perroquet gros presque comme un cazoar ! bleu ! blanc ! vert ! lilas ! jaune ! noir ! violet ! je puis faire un bon coup.

On sonne : le valet-de-chambre entre chez madame et ne manque pas de parler du bel oiseau. — Qu'on me l'apporte, et qu'on fasse entrer l'homme... — J'ai l'honneur d'observer à madame que c'est un citoyen très-peu présentable... un rustre, un manant... quelque meneur d'ours peut-être... — Ah, fi donc ! mais qu'importe... si l'on ne parlait pas quelquefois à ces gens-là.... on ne sait point ce qui peut arriver.

Le perroquet et *Placidos* sont introduits chez madame.

Madame *Pudica* était encore couchée dans un lit du dernier goût ; huit ou dix coussins, garnis de dentelles, soutenaient le corps de madame, et madame avait, comme de coutume la gorge à découvert, les cheveux épars, et une chemise de gaze.— Voyons votre perroquet, citoyen, Ah ! qu'il est beau ! le superbe animal ! asseyez - vous, mon ami... *Trigaudinos*, approchez ce fauteuil... asseyez-vous, mon cher... A qui appartient ce perroquet ?

—A la plus charmante des femmes, répond l'oiseau.

— Comme il parle ! Mais comme il parle !... Est-il méchant ?

—Pas du tout, citoyenne... — Dis donc *madame*, reprit le valet-de-chambre, en poussant le pauvre Placidos.

— Et que mange-t-il ?

— Tout ce qu'on veut.

— De quel part venez-vous, mon brave homme ?

— De la mienne.

— Quoi ! cet oiseau vous appartient ! et vous me l'offrez !...

— Trop heureux, si madame l'accepte...

— Mon ami, je suis riche, et vous êtes pauvre ; j'ai beaucoup de crédit, et vous êtes sans protection. Je vous accorde la mienne... Je vous ferai avoir une place dans les bureaux.

— J'observe à madame que je ne sais ni lire ni écrire.

— Eh, mon bon homme, il y en a bien d'autres... Sous huit jours vous êtes en place... A propos, votre perroquet sait-il encore quelques jolies choses ? — *J'en apprendrai*

plus avec toi, chante le perroquet.
— Mais c'est admirable ! *Trigaudi-nos*, donnez vingt-cinq louis à mon-sieur, et conduisez-le déjeûner à l'of-fice. — J'ai l'honneur de remercier madame ; j'ai déjeûné, et ma femme m'attend pour souper...—Ah ! c'est vrai, vous autres, vous êtes réglés comme un papier de musique..... Allez, brave homme, et revenez me voir...

Trigaudinos conduit *Placidos* à l'office ; il avait, comme de raison, oublié les vingt-cinq louis. — Je vous les donne, répond le bon *Pla-cidos*, mais souvenez-vous de moi... — Oh ! comptez sur ma parole.... —Serviteur.....

Madame était si enchantée de son perroquet, qu'elle voulût qu'on le conduisit dans sa chambre au bain. *Frondeabus*, en oiseau poli, disait toujours de ces aimables riens, qui sont tout pour ces dames.

Deux eunuques mettent madame dans sa baignoire, ils massolent (1) toutes les parties du corps de madame, répandent sur ses cheveux les parfums les plus exquis.... Un secrétaire vient lire, à madame, les placets qu'on lui présente; madame sort du bain au dernier placet... — Qu'on lui donne tout ce qu'il voudra.... — A quel pétitionnaire, madame? — Qui vous parle de pétitions et de pétitionnaires! Il s'agit de mon perroquet! Madame, reportée dans un autre lit, bien bassiné, veut donner audience. On entre, on salue madame, on admire le perroquet.

— Ecoutez, messieurs, j'ai dix places à donner demain.... Vous

____

(1) Massoler, signifie pétrir doucement,

voilà dix.... et pour qu'on ne me taxe point de partialité, prenez un jeu de carte ; la plus belle choisira ; vous voyez que je suis raisonnable....

Frondeabus riait sous cape, en voyant des militaires gagner une fonction diplomatique, des juges attraper des compagnies ou des légions ; des places d'orateurs écheoir à des bègues ; des comptabilités à qui ne savait pas l'arithmétique, etc, etc., etc. ; mais enfin, c'était le caprice du sort.... et les destinées de quelques mille hommes dépendaient moins de madame que d'un jeu de piquet.

Au bout d'une demi-heure, madame avait reçu dix cages, toutes plus belles les unes que les autres. Mais le perroquet voulait se promener ; il se laissait caresser par madame, prenait des bombons et des biscuits, baisait la main de madame, donnait un léger coup-d'aile sur sa gorge, pour en chasser les mouches ou pour lui servir d'éventail.

L'audience est interrompue, et madame passe à sa toilette ; le perroquet se trouve en compagnie. Un grand magistrat, un secrétaire, un chef de guerriers, etc., etc. On parle politique, ou calcule la paix ou la guerre ; et tandis que madame met sa perruque et son pantalon de soie couleur de chair, on décide de la destinée de l'empire.

A propos, continua madame, qu'est-ce que cet *éloge des perruques* par le docteur *Akerlio ?*

— Madame, c'est une nouveauté qui fait la coqueluche de toutes les jolies femmes. On ne peut pas mettre plus d'esprit, plus d'érudition.....

— C'est le *Tibule* français, réplique *Frondeabus*, et ses œuvres vont de pair avec celles de *Chaulieu*, *Parny* et *Florian*, trois poëtes d'une des quatre parties du Monde.

— Ah! qu'il est drôle, mon perroquet! — Non, madame, je suis le plus véridique des oiseaux; le docteur en question, a dérobé quelques plumes à l'amour pour le peindre, et l'amour ne se plaint point du larcin..... Le docteur n'est pas toujours occupé de choses légères; il vient de donner une traduction libre de la guerre civile de *Pétrone*, et il a au moins égalé son modèle.

— Qu'est-ce que Pétrone, demande madame? — C'est un juge du tribunal révolutionnaire de Moria, répond gravement le secrétaire. — En ce cas, lisez-moi *l'éloge des perruques* du docteur; et le secrétaire commença en ces termes:

« On ne voit plus que des perruques. Il n'y a pas fort long-tems qu'une tête à perruque était une pauvre tête, une radoteuse ; aujourd'hui, une jolie tête, une tête sensée, c'est une tête à perruque. Ainsi tout change, les mots, les idées et les choses. Parlons donc un peu de perruques, puisque les perruques sont à la mode.

» Quand je dis que tout change, je ne parle que d'un changement relatif à tel siècle, à tel peuple ; au fond, le monde en général est toujours le même. Les vertus et les vices, les erreurs et les vérités, la sagesse et la folie, ont fait le tour du globe. Nous voyons ce qu'on a vu, nous faisons ce qu'on a fait, nous disons ce qu'on a dit : *Nil sub sole novum ;* les perruques en sont la preuve.

» Par quelle fatalité, le plus grand ennemi des perruques fut-il, parmi nous, une tête à perruque ? Si l'on en croit le docteur de Sorbonne, Thiers, dans son histoire des perruques, les premières têtes emperruquées furent celles des teigneux. Une pareille assertion est un blasphême contre la vérité, un crime de lèze-perruque. Ouvrons les annales de la coquetterie, tant ancienne que moderne, et nous verrons les perruques toujours en honneur, parer le front de la beauté, ou rendre plus imposante la gravité de la sagesse.

PARAGRAPHE I.er

Nos ancêtres, les Gaulois et les Francs, attachaient un grand prix à leur chevelure ; ces cheveux longs et flottans, étaient chez eux le signe de l'empire et de la liberté. La tête libre, qu'un accident imprévu venait à priver de son ornement naturel, s'empressait d'y suppléer par la dépouille d'une tête nouvellement esclave. Mais que cette imitation d'une belle chevelure était encore loin d'atteindre l'élégance de nos perruques modernes !

» Ce ne fut que sous Louis XIII, que les perruques proprement dites devinrent à la mode en France. Le premier qui s'en décora, fut un abbé coquet ; il se nommait Larivière. Les perruques blondes étaient alors, comme aujourd'hui, les plus estimées. Les cheveux qui les composaient, se vendaient jusqu'à 80 fr. l'once ; une belle perruque blonde fut payée 1,000 écus.

Nul n'est prophète en son pays. Quoique la perruque fut enfant de l'église, elle fut long-tems sans pouvoir se faire reconnaître par sa mère. Maints graves chapitres la frappèrent, en naissant, d'anathême.

Le pape Clément IX lui défendit de paraître au vatican ; la perruque n'osa s'asseoir avec la thiare sur un front pontifical ; elle eut pourtant l'audace d'officier publiquement dans plus d'une chapelle ; et sa témérité, toujours frappée des foudres ecclésiastiques, sans en être abattue, pensa nous donner le schisme des perruques.

Cependant, dédaignée par l'autel, la perruque trouvait auprès du trône un accueil consolateur. Louis XIV la prit sous sa royale protection ; et bientôt parcourant en triomphatrice la France, l'Espagne, l'Italie, l'Angleterre et l'Allemagne, elle compta, parmi les têtes européennes, une foule de tributaires.

Ce fut peu pour elle de régner sur la plus noble partie de l'homme ; non contente du domaine de la tête, elle envahit l'héritage de la taille.

On la vit remplir de son ampleur, la capacité des épaules, et, descendue jnsqu'à la ceinture, y flotter orgueilleusement en crinière de lion.

Les cheveux blonds manquaient ; on eut recours aux noirs ; les poudrés eurent leur tour. Alors la perruque s'enivra de parfums et d'essences ; elle savoura l'encens des fleurs : ses touffes légèrement frisées, imitèrent le poil des bichons ou la laine des agneaux. Point de femme du bon air qui n'eût sa *bichonne*, point d'enfant qui ne fût *moutonné* jusqu'à la jarretière. C'était l'âge d'or des perruques, et telle était l'adresse de la main qui les peignait, que, malgré leur volume immense, ces masses de crême fouettée ne pesaient pas six onces.

Trop d'ambition peut nous perdre : l'orgueil des perruques dégénérait en tyrannie : les militaires furent les premiers à secouer le joug ; leur exemple entraîna la foule imitatrice. En un moment, négocians, financiers, gens de cour, conspirèrent contre les perruques : la révolution des têtes fut presque générale : les chevelures naturelles reconquérirent, pour quelques années, le trône qu'avaient usurpé leurs rivales.

Heureusement pour ces dernières, la force de l'habitude leur conservait, dans le camp des robins, de fidelles têtes à perruques. Dans la commune tempête, les fronts parlementaires furent, pour les perruques, la planche qui les sauva du dernier naufrage. En vain les chevelures naturelles disputaient aux défuntes perruques le prix de l'élégance : les embarras de la toilette renaissaient chaque jour ; à chaque instant, la pétulance d'un zéphir indiscret, venait renverser l'édifice aérien des nouvelles coëffures : on regretta les perruques, et les perruques revinrent à la mode.

Instruites par l'expérience, elles mirent cette fois dans leurs formes plus de modestie. La *Sartine*, fière de parer la tête du magistrat, sut respecter pourtant l'humble perruque de *laine* dont s'affublait le matelot. L'avare put cacher à peu de frais, son front chauve sous sa perruque de *fil de fer*; il put impunément braver sous cette espèce de casque, la pluie, les vents et la grêle; heureux du moins, en mourant, de laisser intacte à son fils, sa coëffure héréditaire! Chapelain, s'il eut vécu plus tard, eût adopté cette perruque: c'était par excellence la perruque *économique*.

Ce n'est pas que l'industrie fût incapable d'enfanter encore des chef-d'œuvres en perruques. On vit alors, ô prodige de l'art! on vit le cristal docile se boucler, sur la tête de nos petits maîtres, en cheveux élégans ; mais cette espèce de perruque,

> Comme elle avait l'éclat du verre,
> En avait la fragilité.

Souvent, après avoir brillé de tous les feux du soleil, réduite en poudre au moindre choc, elle subissait sur une tête étourdie une éternelle éclipse.

C'est à nos jours qu'il était réservé de voir les perruques des deux sexes, portées à leur dernier degré de perfection. Pour en convaincre le censeur le plus inflexible de nos nouvelles perruques, il suffit de lui mettre sous les yeux, le huitième volume des planches de l'Encyclopédie *in-fol.* Parmi les perruques

qu'elles représentent, en est-il une
dont l'élégance approche de nos
perruques à la grecque, à la ro-
maine, à la turque, à l'anglaise, à
la Panurge, à la paresseuse, à chignon
double, à crochets, à tirebour, à
la Brutus, à l'artiste, à la Titus, à
la Caracalla, etc.

Il manquerait quelque chose à la
gloire des perruques, si nous ne
prouvions qu'elles surent se concilier le respect et l'amour de la docte
antiquité. Ce sera mon second point.

PARAGRAPHE SECOND.

Je ne sais pourquoi Furgaut et
les jésuites de Trévoux ont prétendu
qu'il n'y avait pas chez les anciens
de têtes à perruques. L'histoire, la
poésie, la tradition et les monumens,
déposent contre ce témoignage. Ce
qui induisit peut-être ces savans en
erreur, c'est l'obscurité du mot *per-*

ruque. Stilerus le tire de l'allemand *baruke* (voile de tête) ; Menage , du latin *pilus* , (poil) ; Guyet, du mot grec *penikè* (cheveux ajoutés); Wachter, du grec *purrikos* (blond); Claude Mitalier, de l'hébreu *perah*, ou du chaldéen *pervali* (toupet de cheveux). Si j'osais mêler mes conjectures à celles de ces doctes têtes à perruques, je dirais : *Perruque* ressemble bien fort à l'italien *parruca* (chevelure), pourquoi *perruque* ne serait - elle pas ultramontaine ? Son origine serait moins noble, il est vrai, mais elle serait plus naturelle. Ce n'est pas que je puisse, comme un autre, lui donner quelques siècles d'antiquité. Pour cela, je fais descendre en droite ligne la *parruca* des Italiens, du latin *perula*, diminutif de *pera* (poche ou gibecière.) Dans ce systême, voici ses titres de généalogie : La perruque enveloppe une partie de la tête ; elle est donc pour la tête une espèce de petite poche, *perula* ; de *perula*, l'on a fait, par corruption, *peruca* ; puis, *parruca*, PERRUQUE. La conformité est parfaite sous tous les rapports.

Quoiqu'il en soit de l'étimologie du mot *perruque*, le fait est que la perruque naquit chez les anciens. Quelques auteurs fixent l'époque de sa naissance au tems de Saül, roi des Juifs. C'est reprendre les choses d'un peu haut ; mais du moins on ne peut nier que les Mèdes ne portassent perruque ; Xénophon l'assure dans son livre des institutions. Nul doute que les Phéniciennes ne connussent des perruques, puisqu'aux fêtes d'Adonis, elles devaient sacrifier leurs cheveux à Vénus - Ergette. Si l'on en croit Suidas et Tite - Live, Annibal, pour mieux échapper aux embûches des Gaulois, changeait souvent d'habits et de perruque.

Héritiers des arts des Phéniciens, les Grecs ne pouvaient manquer d'être d'excellens perruquiers. La perruque se nommait chez eux *phi-nakè* (imposture) ; c'est Ménage qui nous l'apprend. Et qu'est-ce en effet qu'une perruque, si ce n'est l'heureux mensonge d'une chevelure artificielle ?

Il est évident qu'à Rome, la mode des perruques était devenue générale vers les derniers tems de la république. Ovide, Properce, Tibulle, Gallus, ont chanté les perruques de leurs maîtresses dans une foule de jolis vers. Martial, plus malin que galant, critique seulement l'abus des perruques. Tête chaussée, *calceatum caput !* s'écriait-il souvent à l'aspect d'une vilaine tête à perruque. Avant que Boileau eût plaisanté l'abbé

Pochette sur ses sermons d'achat, Martial avait écrit : *On dit que Fabella porte les cheveux d'autrui ; moi qui sais qu'elle les achette, je soutiens qu'ils sont à elle.*

Les médailles anciennes nous montrent les têtes impériales d'Othon, de Commode, de Julie, de Poppée, etc. ornées de *capillamens,* c'était le nom générique des perruques romaines. Les petites maîtresses avaient diverses espèces de perruques pour les différentes heures du jour. En chenille, elles portaient le *galericon ; le corymbion* était pour la grande toilette : c'était sous le *galericon*, dit-on, que Messaline déguisait, la nuit, sa tête dégagée du diadême, et courait provoquer dans les camps les honteuses caresses des soldats romains. Ce n'est point une raison pour calomnier les perruques,

perruques, et gardons-nous d'entourer l'innocent de l'opprobre du coupable.

Les chevelures allemandes et gauloises étaient les plus recherchées des perruquiers romains; leur couleur approchait de celle de l'or. En vain Sénèque gourmanda les perruques. L'éloquence chrétienne de Tertullien, dans son traité *de la Toilette des Dames*, ne fut pas plus heureuse : la coquetterie courut, en dépit de ses détracteurs, conquérir tour-à-tour et l'Europe et l'Asie et l'Afrique : l'Univers fut peuplé de têtes à perruque.

Comment les anciens n'auraient-ils pas aimé les perruques ? A leurs yeux, la calvitie était un pronostic funeste. Selon eux, Proserpine venait, imperceptiblement, raser aux moribonds le dessus de la tête : ils n'eussent pu rendre le dernier soupir

E.

sans cette cérémonie préalable. Voilà
pourquoi, dans Pétrone, le poëte
Eumolpe raille son jeune ami sur la
perte de ses cheveux. Je ne puis
mieux terminer cet article qu'en ci-
tant les vers d'Eumolpe :

Quod summum formæ decus est, cecidere
  capilli,
Vernantesque comas tristis abegit hyems, etc.

En voici l'imitation française, en
faveur des dames qui n'entendent
pas le latin.

Où sont ces beaux cheveux dont ton front s'om-
  brageait ?
A travers leurs flots d'or Zéphire voltigeait.
Les Grâces, avec eux, ont quitté ton visage :
Tel, l'arbuste, en hiver, privé de son feuillage,
Languit seul à l'écart, et dans ses rameaux nus,
Appelle vainement le printems qui n'est plus.
Sort cruel ! en naissant, voués à la vieillesse,
Nous mourons chaque jour : la fleur de la jeunesse
Compte peu de matins comme la fleur des champs,
Et les premiers à fuir sont nos premiers beaux ans !
Rival du Dieu du jour et conquérant des belles,
Tu défiais hier l'orgueil des plus cruelles :

Leur vengeance aujourd'hui montre au doigt ta
    laideur,
Et de leurs pas légers le bruit seul te fait peur!
Cache de ses attraits ta tête dépouillée.
La rose, par l'orage, une fois effeuillée,
N'a qu'un moment à vivre : et la pâle Atropos,
Sur le fil de tes jours, a levé ses ciseaux.

Ces deux derniers vers, sur-tout, confirment ce que j'ai dit de l'horreur religieuse des Romains pour les têtes chauves. Aussi la belle Triphène s'empresse-t-elle de remplacer la chevelure de son amant par une de ses perruques : *corymbio dominæ pueri adornat caput*, comme dit Pétrone.

—Voilà qui est on ne peut pas plus intéressant, dit Madame ; et l'auteur doit être immortalisé comme la chevelure de Bérénice.... Je voudrais élever un Panthéon de perruques ; j'y placerais leur chantre ; je lui offrirais même une partie de mes cheveux, afin que le charmant docteur devint éternellement la plus illustre tête à perruque de l'Univers !

— Chacun a son goût, répliqua le perroquet ; et pardon, Madame, si je ne suis pas du vôtre ; si le docteur a quelques droits à l'immortalité, ce n'est pas pour son *éloge des perruques*, mais pour ses œuvres plus solides, plus délicates, plus savantes et toujours plus agréables.

— Qu'il est original, mon perroquet ! portez-le dans mon boudoir.

On s'éclipse ; Madame reste seule avec un illustre amant.... et l'on s'amuse à jouer.... à.... *toutes pertes sont pertes....*

Madame se fait habiller, donne des ordres pour son perroquet ; monte en voiture.... et fouette cocher.... vous savez bien où.

Madame part. *Frondeabus*, indigné qu'une semblable cateau se mêle d'affaire d'état, plus furieux encore d'avoir entendu tout ce qu'il n'a jamais répetté, rougissant de l'impudeur de la citoyenne *Pudica*, honteux de se trouver dans le temple de la fatuité, de l'insolence et de la débauche, le perroquet se met à battre des ailes, à jurer, à tempê- ter, à briser les glaces, les meubles, à déchirer les toilettes, à renverser les écrins de diamans....Depuis, il en fut fâché ; car il apprit que c'était une *grande propriété nationale*, que Madame avait en dépôt, sans doute....

Cependant personne n'osait appro- cher du perroquet ; il mordait et déchirait, avec ses serres, qui- conque s'avisait de le regarder en face.

—Plats coquins, s'écriait-il! plats valets d'une prostituée !...vîte, qu'on m'ouvre la fenêtre, ou je vous étrangle.

E 3

Les secrétaires, les valets-de-chambre, les femmes-de-chambre étaient épouvantés ; ils voyaient que le perroquet ne badinait pas ; en vain ils auraient cherché à l'attraper, le maître oiseau continuait ses ravages ; il emportait les fausses queues, les perruques à la *Caracalla*, à la *Titus* ; il n'épargnait ni les *demi-livrées*, ni les tabliers des soubrettes ; mais il en voulait particulièrement à son introducteur.

Trigaudinos effrayé, poursuivi par le perroquet, ouvre les deux battans de la croisée ; l'oiseau terrible s'envole, emporte le valet-de-chambre, et le laisse tomber dans la rivière, d'où il se sauva comme il put.

CHAPITRE VI.

Comment *Frondeabus* alla chez Monseigneur l'Archevêque de *Moria* : comment il le trouva avec une Abbesse ; et comment l'Archevêque fut privé de ce qu'il avait de plus cher au monde.

———

JE suis furieux, disait *Frondeabus* à son ami *Placidos*, vit-on jamais pareille impertinence ! — Eh, mon cher bienfaiteur ! c'est la mode dans le pays de *Moria* : la décence, les mœurs sont de très-grands mots et de petites choses ! — Morbleu ! j'ai bien voyagé, mais je n'ai point encore trouvé de pareils êtres ! Que fait donc votre gouvernement, ou si mieux m'entendez, que font donc toutes les autorités constituées de

Moria ? A quoi pense-t-on ? L'on ne sait donc point que les mœurs sont la base de la félicité d'un état? Votre madame *Pudica*, qui distribue les places par *as* ou par *dix de cœur*, est une sangsue publique, un monstre qu'il faudrait renfermer. Si personne n'ose le faire, je le ferai, moi, en tems et lieu ; il ne faut qu'une douzaine de femmes de cette espèce pour gangréner toute une nation ! C'est abominable..... Si j'avais voulu demeurer plus longtems, j'aurais été plus instruit de tout ce qui se passe chez elle ; mais l'ame sensible et délicate ne supporte pas, une heure, la présence, la réalité du crime ; elle s'envole en le maudissant ; c'est ce que j'ai fait... Je n'ai pas encore terminé ma vengeance. Je repêcherai madame *Pudica* ; et nous verrons comment, après avoir souillé jusqu'au lit nuptial, elle se trouvera dans une cage, sur la paille, ayant pour nourriture une pâtée que l'on donne aux chats de ma planette. Votre madame *Pudica* n'est pas la seule de son genre ; j'en connais qui l'imitent plus ou moins ; quand il en sera tems, je vous en débarrasserai....

— Fils d'Herschell, répond le vieux *Placidos*, vous voulez donc punir les trois-quarts des femmes du pays de *Moria* ? Interrogez-les l'une après l'autre, sur *la décence* ? elles vous demanderont si c'est un bonnet à la dernière mode ? Si vous leur parlez *mœurs*, elles vous riront au nez. Citez-leur des exemples propres à les faire rougir, elles vous traiteront comme un radoteur, comme un animal insociable....

— Oh les vilaines, s'écrie le planétaire ! jamais je n'en ai rencontré de semblables dans les quatre parties du Monde. En France, sur-tout, les femmes sont un modèle de pudeur. Elles craindraient d'offenser la chasteté des yeux, si la décence ne présidait point à leur parure!

(Chers lecteurs, je devine que vous allez donner au citoyen *Frondeabus*, le démenti le plus formel et le mieux mérité.... — Quoi, direz-vous, cet illustre voyageur ne parcourt donc la terre que pour mentir! jamais le sexe ne fut plus déhonté qu'à présent.... Promenez-vous dans les jardins publics .... regardez les femmes; extravagantes dans leur conduite, dans leur mise.... et si vous êtes de bonne foi, convenez que les mœurs avancent à grands pas vers leur perte. — Je le sais aussi bien que vous, citoyens lecteurs, mais je ne puis remédier aux caprices du planétaire.)

Tandis que je suis de mauvaise

humeur, continua le fils d'Herschell,
il me prend fantaisie d'aller voir
un certain patelin qui m'a fait de
mauvaises plaisanteries dans le Conseil suprême de *Moria*. Reposez-
vous, mon cher guide, je ne serai
pas fort long dans ma visite.

Frondeabus s'affuble d'une vieille
soutane, et prend la forme de ces
pauvres curés de campagne. Il se
présente à la porte du palais archi-
épiscopal.

— Monseigneur n'y est pas, dit
un large suisse à moustaches. —
Mon frère, je me rends aux ordres
de sa Grandeur, et pour vous le
prouver, je vous dirai le premier
mot, si vous me dites le second. —
Volontiers. — *Piété*. — c'est cela. —
Chasteté. — C'est précisément le
mot d'ordre. — Celui de ralliement,
est *Amour divin*. — Entrez, monsieur le curé..... C'est que, voyez-

vous, Monseigneur est en retraite, il fait une neuvaine pour chasser un sorcier.... — Mon frère, tout indigne que je suis de joindre mes prières à celles de notre saint prélat, j'espère que le ciel ne sera point sourd aux gémissemens de ses ministres.

Frondeabus, introduit, répète le mot d'ordre, d'anti-chambres en anti-chambres. Au dernier salon, autre mot d'ordre. — *Amour.* — *Plaisir.* Ralliement : *L'un et l'autre.*

Le valet-de-chambre tourne la clef, et le planétaire entre dans la chambre à coucher de Monseigneur. — Quelle neuvaine, dit à part-soi *Frondeabus*, en voyant le saint prélat dans les bras d'une femme endormie.... Ah, ah, Monseigneur, mon cher petit Monseigneur, vous faites mettre au cachot un misérable vicaire de campagne, qui aura eu le malheur de prendre, par distraction, sa servante pour un rituel ; et vous ne lisez dans votre bréviaire, que *les matines de l'amour!* Avant de vous réveiller, il faut que je vous mette en état de grace.

Aussitôt le fils d'Herschell commence.... Il opère si délicatement et si lestement, que Monseigneur ne sentit point qu'on le privait de ce qu'il avait de plus cher au monde.

L'extirpation terminée, monsieur le curé prend cette humble hypocrisie dont les caffards savent si bien se servir pour faire des dupes ; il s'asseoit dans un ample fauteuil, près de la fenêtre, et se met à lire. Monseigneur se réveille, baille et sonne. Le valet-de-chambre entre. — Monseigneur, voici monsieur le curé !.... — Eh, morbleu ! que voulez-vous ? — Monseigneur, je viens unir mes prières aux vôtres, et vous offrir mes humbles services pour exorciser un sorcier qui vous a joué plus d'un mauvais tour. — Qui êtes-vous, monsieur l'abbé ? — Un de vos vicaires ruraux, Monseigneur. Je venais vous demander une grace pour un malheureux desservant qui, dans un moment de faiblesse.... — Quoi, monsieur le curé, un homme de votre âge, que je prenais pour un digne ministre des autels, a l'audace de s'intéresser pour un libertin, un apostat.... Ahi! ahi ! qu'est-ce que je me sens ?.... je souffre.... je brûle.....

— Ah, ah, Monseigneur ! vous condamnerez un coupable de ma fabrique, et madame l'Archevêque (*il tire les rideaux*) ne vous engagera point à pardonner?... — Monsieur le curé ne me perdez pas... — Votre Grandeur n'a rien à craindre de mon indiscrétion , mais ne dites à personne que vous n'êtes ni homme ni femme ?.... — Ni homme ni femme !... — Eh oui , Monseigneur , pendant votre sommeil, un maudit sorcier vous a rendu le service de vous priver des joies de ce monde , afin que vous eussiez plus de tems pour vous occuper de votre diocèse, de vos devoirs épiscopaux. Faquin, renoncez à l'hypocrisie, comme vous renoncez forcément à votre sexe. Misérable , vous avez trompé les hommes par une vaine humilité, par une piété fausse , et vous n'êtes qu'un dépravé. J'ai parcouru les quatre parties du Monde, j'ai vu des prêtres de toutes les religions, et jamais ils ne se sont détournés de leurs devoirs.... Quand ils avaient prononcé un vœu, ils le tenaient : vous prêchez la chasteté, Monseigneur, et voilà madame l'Abbesse

qui corrige votre lettre pastorale !
Hypocrites ! c'est donc ainsi que
vous trompez les peuples ! C'est donc
ainsi que vous les aveuglez par vos
prestiges religieux ? Prétendus céli-
bataires, vous vous dégagez du lien
du célibat dans les bras d'une vo-
lupté impure. Sorti du temple de
l'amour dépravé, vous osez parler au
nom d'un Dieu, père de la vertu ?
Vous ne siégez dans le Conseil suprême de *Moria*, que pour en impo-
ser à la multitude, et l'induire en
erreur. Vous me la payerez cher,
cette longue tromperie...

A ces mots, le planétaire ouvre la
fenêtre, accroche au balcon, les ju-
pons de madame l'abbesse, jette sa
soutane et disparaît. — Est-ce un
songe, disait madame l'abbesse ? Oh !
mon dieu ! mon cher ami, ces terribles preuves constatent que vous êtes
consacré à garder les femmes !

CHAPITRE VII.

Comment *Frondeabus* empêcha un duel ;
et comment il reconcilia les champions.
— Comment il réfléchissait avant leur
rencontre.

C E coquin d'archevêque, disait
Frondeabus, en s'en retournant chez
son hôte, ce misérable hypocrite !....
Oh les vilaines gens avec leur célibat!
voilà ce qui détruit les forces d'un
gouvernement. Qu'est-ce qu'un célibataire ? un homme qui n'est utile
à personne, qui vit aux dépens de
la société, sans lui rendre ce qu'il en
a reçu. Je ne puis accorder le titre
de citoyen à cet être qui s'isole de
la nature. Les deux sexes ont été faits
l'un pour l'autre ; pourquoi inter-
vertir l'ordre des décrets éternels ?

Laissons aux historiens les savantes conjectures sur la création des
hommes. De tout tems le genre humain sentit son cœur, connut un
Dieu, conçut l'amour, et, sous les
auspices de la nature, multiplia les
êtres et les vertus. La première chro-
nologie du genre humain présente
les hommes comme de bons sauva-
ges, vivant en paix avec tout ce qui
ne leur faisait pas mal... Les siècles
se suivent, les sociétés se rappro-
chent, s'étendent, se réunissent; les
nations se forment, les mœurs va-
rient; mais l'union conjugale est une
loi sacrée pour les peuples; elle passe
d'âge en âge; chaque génération lui
donne un caractère plus auguste,
parce qu'il est de son intérêt et de
sa gloire que le bonheur soit indivi-
duel, afin qu'il en résulte l'univer-
salité pour l'état.

Ce bonheur a pour base l'amour

des vertus ; et le sanctuaire de ces vertus, c'est le cœur des femmes. A l'aspect de l'innocence, de la candeur, l'homme sent diminuer sa fierté.... Un doux regard l'étonne, le trouble, l'agite.... Est-ce une divinité qu'il contemple... qu'il admire, qu'il aime, sans le savoir, dont il se rapproche avec feu ; il l'adore, cette divinité... il l'adore jusques dans sa pensée !

Soupire, homme, dont la force, les travaux, le caractère enfin paraissaient incompatibles avec les sentimens délicieux et paisibles que la beauté inspire, que les grâces commandent, que l'amour fixe, que l'honneur consacre ! Un feu céleste descend.... d'un pôle à l'autre, il électrise l'univers.... Tout aime dans la nature ; dans la nature, tout éprouve le besoin d'être vertueux !

Mais chacun veut jouir de la

portion de bonheur qui lui est assignée par les décrets suprêmes..... Chaque maison, chaque chaumière devient un temple de l'amour conjugal.... L'homme travaille pour assurer l'existence de sa compagne, car une bonne femme mérite d'être heureuse.... Peines, plaisirs, tout se partage entre l'époux et l'épouse... L'un souffre du tourment de l'autre... L'inquiétude, l'appréhension, les larmes sont alors les tributs de l'hymen affligé.... Les soins, les prévenances sont les devoirs du cœur.... Aux accidens qui menacent le genre humain et qui souvent l'accablent, succède le recouvrement des forces.... Les douleurs morales se dissipent avec les souffrances physiques ; l'hymen se pare de fleurs, l'amour, le chaste amour....

Tendre enfant! un jour tu sauras que ta mère faisait d'avance le sacrifice de sa vie pour conserver la tienne ! elle ne pensait plus à ses maux, dans la joie d'avoir donné à l'éternel un fils à protéger, à la patrie, un citoyen de plus!

Qu'une femme est précieuse, respectable, quand, dans son ménage, elle s'élève au-dessus des prétendues convenances sociales, établies par la paresse, la vanité, le desir avide de plaire aussi long-tems que l'âge pourra le permettre, de plaire même en dépit des années !... Que le goût, l'élégance, la recherche des objets de parure et de luxe occupent la beauté, c'est l'amusement d'un sexe enchanteur.... Le philosophe en sourit.... Mais que toutes ces futilités ne balancent jamais l'hommage dû à cette mère qui ne chercha point d'autre sein pour allaiter son enfant.... Dans les déserts de l'Afrique, de tout tems, les tygres nourrirent leurs petits.... En France, grace à J.-J. Rousseau, l'on conçoit enfin que les premiers momens de la vie d'un homme sont inséparables de l'honneur de la maternité ; que l'épouse, que la mère en est responsable à la nature, à la patrie !

O femmes, femmes ! que vous êtes dignes de la nature, lorsque votre cœur est votre guide, et que vous ne vous livrez point aux écarts de votre esprit.... Que d'autres admirent la finesse de cette dernière de vos qualités.... Je préfère la morale de votre ame, parce que j'y vois cette sensibilité qui perfectionne celle de l'homme, ce discernement qui règle un choix.... Cette candeur qui les rend plus doux, cette fermeté qui double leur courage dans l'infortune ; cette modestie qu'ils devaient souvent imiter ; cette fierté que l'on peut prendre pour modèle.... Vous charmez dans l'âge de l'amour ; on représente la Raison sous vos traits, et dans l'âge mûr, on croit l'entendre quand vous parlez.... La vieillesse, ce rigoureux et long hiver de la vie, vous savez encore la rendre suppor-table.

Frondeabus allait continuer ses réflexions, quand il apperçut deux hommes s'enfoncer dans l'épaisseur d'une forêt. Ils marchaient à grands pas , gesticulaient avec beaucoup d'emportement, et se menaçaient..— Nous allons voir, disait l'un. — Nous verrons, répondait l'autre.... d'ail-leurs , mon épée me fera raison. — Oh , dit en lui-même le fils d'Hers-chell, ces messieurs vont se battre ; ils ne ferailleront qu'autant que je le voudrai bien.... Il faut les suivre.

Ils s'arrêtent , se deshabillent, se mettent en garde ; ils se portent des bottes terribles, qui sont également parées; ce jeu dure une grande demi-heure, et ni l'un ni l'autre ne peuvent se toucher. —

— Voilà qui est singulier, dit le plus fort des champions, point de sang depuis le tems que nous sommes-là ?.... Reposons-nous un instant, nous devons être également fatigués : un moment de relâche nous donnera de nouvelles forces.

— Volontiers ; asseyons-nous, et parlons d'autre chose.... Le tems est assez beau.... — Oui... — Il pleuvra demain.... — Savoir. — J'en suis bien certain. — Le ciel change d'un moment à l'autre. — Pas tant que les hommes de façon de penser. — Oh, mais quand on a son opinion, il faut la soutenir ! — Lorsqu'elle est bonne, lorsqu'elle a le sens-commun ; se refuser à l'évidence, c'est une folie. — Sans doute, aussi, tu

es entêté comme un mulet. — Bon !
voilà que tu recommences... — Moi,
je n'ai jamais cessé... — En ce cas,
continuons, et remettons-nous en
garde.... Oh, bien volontiers !

Les voilà à férailler plus que jamais. *Frondeabus* part d'un éclat
de rire, et sa voix étourdit les deux
champions. Ils s'arrêtent, se regardent, et voyent que depuis qu'ils
ont mis l'épée à la main, il ne se
sont battus qu'avec deux plumes de
dinde. — Malheureux, s'écrie le
fils d'Herschell, d'une manière à les
faire trembler, n'avez-vous pas honte
de vous entr'égorger pour des mots ?
Allons, qu'on s'embrasse, qu'on m'é-
coute ou je vous emprisonne tous deux
dans ma poche.

Les duellistes épouvantés, gardent
le plus profond silence.

— Misérables, montrez-moi, si

vous trouvez, dans le code de vos lois, un article qui vous autorise à vous couper la gorge ! à vous assassiner l'un ou l'autre, peut-être tous deux, parce que vous pensez différemment ! Apprenez, sots que vous êtes, que le premier droit de l'homme est la liberté de l'opinion : si l'opinion qu'il manifeste est contraire aux intérêts ou aux lois d'un gouvernement , ce n'est point au particulier à le punir ; c'est la loi seule qui doit décider de son sort. Dans un royaume , celui qui voudra créer une république , sera regardé comme le perturbateur du royaume, puni comme ennemi de l'état ; dans une république , l'homme qui voudra fomenter un parti, ramener le sistême de la monarchie, devient un conspirateur ; mais ce n'est point au citoyen isolé à le punir ; les lois doivent, seules, prononcer contre lui. Votre duel n'avait pas le sens-commun ; l'un de vous est royaliste dans toute la force du terme ; l'autre est un républicain forcené ; vous ne valez rien tous les deux. L'homme véritablement digne de la liberté, n'emploie que des moyens doux, aimables, dictés par la nature et la majesté de son être, pour faire aimer, chérir, cette liberté trop long-tems méconnue ; l'homme qui croit sincèrement que le bonheur d'une nation ne peut exister sans la monarchie, cet homme, dis-je, ne pourra jamais persuader à coup de bâton, ou avec sa rapière ; j'ajoute même qu'il extravague ; car en vérité, je ne pense pas qu'on puisse allier l'esclavage avec la conscience innée, intime, que le genre humain fut créé pour être libre, égal en droit, comme dit un poëte Européen et Français ;

Les mortels sont égaux ; ce n'est point la naissance,
C'est la seule vertu qui fait leur différence.

— Frère et ami, répond l'un des bataillans, à *Frondeabus*, voici précisément ce que je pense.

Frère et ami ! replique vivement le planétaire, vous rendez ce titre si banal, que je crois entendre deux mots vides de sens ; *frère et ami !* suis-je le vôtre ? Vous êtes trop exaspéré.... Le patriotisme est prudent, réfléchi.... Vous ne me connaissez pas, et sur-le-champ vous me prodiguez des dénominations tellement communes, que je n'en veux point.
— Monsieur a raison , repart l'autre bretteur. — Qu'en savez-vous ? — Mais, il faut être d'un parti ! — C'est ce qui vous trompe, pauvre marchand de *frères* et *amis ;* et vous

aussi, monsieur le gentilhomme :
à propos de gentilhomme, répondez, monsieur le crâne ; si, dans le
moment de la naissance du fils
d'un roi, il naissait en même-tems
le fils d'un savetier ; si la femme du
savetier était appelée à la cour pour
nourrir l'enfant royal, et qu'elle y
vint avec son enfant ; si l'on vous
mettait sous les yeux le fils du roi,
et celui du réparateur de la chaussure humaine, également placés ou
posés sur des langes et dans des
berceaux pareils, pourriez-vous distinguer le fils du roi d'avec le fils du
citoyen passif qui raccommode vos
escarpins ?

— Je savais bien, moi, replique
le *frère et ami*, je savais bien que
j'avais raison !.... Je n'ai qu'un regret, c'est de n'avoir pas tué ce
chien d'aristocrate ! — Eh bien !
vous êtes encore dans l'erreur ; car,

si je ne vous avais point fait la plaisanterie de changer vos épées en plumes de dinde ; le *frère et ami*, malgré tout son courage, était percé de part en part dès la première botte, et cependant sa mort n'était nullement une preuve que la royauté valait mieux qu'une république. J'ai voyagé dans les quatre parties du Monde ; les hommes y sont beaucoup plus prudens, plus sages que dans le pays de *Moria*. J'ai long-tems habité la France, et jamais je n'ai entendu parler d'esprit de parti ; on ignore en France tout le mal qu'une faction peut faire ; on n'y connaît que la loi, on n'obéit qu'à la loi. Si vous demandiez à un Français : quelle est votre opinion ? Il vous répondrait : pendant plusieurs siècles, nos pères ont cru qu'un roi pouvait seul les gouverner ; nous nous sommes détrompés ; nous avons pris la résolution d'être souverains à notre tour; et sans une multiplicité infinie de trahisons de la part des gouvernans et de la part des gouvernés, nous aurions rendu au genre humain sa première, son antique splendeur; mais ce qui est différé n'est pas perdu. Quand nous pourrons terminer cette œuvre digne de nous, nous saurons quelles armes nous avons à employer. Les moyens de rigueur, de terreur, de sang, nous feraient détester; c'est par la raison, c'est par la vertu, c'est par des exemples d'une moralité pure, que nous ouvrirons les yeux aux trois quarts de nos semblables.

Allons, qu'on s'embrasse, qu'on oublie toute dissention, qu'on ne parle ni de *fraternité* ni d'*amitié*, avant de bien connaître son homme; qu'on ne me parle pas non plus de royauté, je ne l'aime pas....

Les champions étourdis , s'em-
brassent à peu-près. — Je ne suis point
la dupe de cette accolade, disait
en lui-même le planétaire ; mais
enfin, je les ai empêché de s'égorger ; c'est ce qui n'arrive pas toujours dans les quatre parties du
Monde.

CHAPITRE VIII.

Comment *Frondeabus* rencontra un homme
de lettres ; et comment il fait connaissance avec lui.

———

Au sortir de la forêt , le planétaire
se disposait à retourner chez son
ami *Placidos*.... Lorsqu'il apperçut
près d'une haie , au pied d'un chêne ,
un homme qui paraissait accablé
de la douleur la plus profonde. Il
l'aborde ; l'inconnu ne le voit point,
son œil fixe annonce le feu du désespoir , et ses muscles qui se con-
tractent , marquent la fureur prête à
sortir de tous les pores.

— Vous me paraissez malheureux ;
lui dit le fils d'Herschell , ne puis-je
vous être utile ? — Utile ?... vous ! un

homme peut-il désormais l'être envers son semblable.... L'homme est
ingrat ; l'homme est égoïste , et s'il
rend un service , c'est qu'il en calcule
d'avance un double produit.—Mon
cher , prenez garde , la misantropie
est un cruel fléau, c'est un mal in-
curable ; il tue le cœur, il en arrache
toute vertu... L'homme qui déteste
les hommes, finit par ne plus se souffrir lui-même ; il ne se regarde plus
qu'avec horreur ; sa vie est un remords continuel ; son existence est
un supplice affreux... L'homme est
né pour la société ; il lui faut un
ami... Je veux être le vôtre.—Vous !
mon ami !... je ne vous ai jamais vu !
— Qu'importe ! vous ne serez peut-
être point fâché de notre rencontre.

Le ton avec lequel *Frondeabus*
prononça ces derniers mots , frappa
celui qu'il voulait obliger. Il pro-
mène ses regards comme pour cher-

cher autour de lui s'il ne peut être entendu de personne..... Il se lève brusquement... — Allons plus loin... je ne me trouve pas bien ici....

Le fils d'Herchell se laisse conduire par l'inconnu... Ils marchent pendant un quart d'heure, et s'arrêtent auprès d'une fontaine.—Entrons dans cette grotte, personne ne nous entendra.... Asseyons-nous sur ce banc de pierre.... chaque jour je viens méditer.... pleurer! Non, car les larmes s'arrêtent sur mes paupières, et ne coulent point... Je souffre...Écoutez-moi....

Le malheur ne m'a point quitté depuis ma naissance... A peine ai-je atteint ma troisième année, qu'un accident me cloue sur un lit de douleurs. Ma famille, peu fortunée, sacrifie tout pour mon éducation ; des protecteurs illustres nous aident. J'embrasse un état qui paraissait me

convenir ; mais on exigeait une perfection que nul homme ne peut atteindre.... Je jouais à la chapelle, et
je ne pensais pas plus loin. Bientôt
je m'apperçus qu'il fallait être hypocrite pour réussir, et qu'il était in-
dispensable de se-sacrifier à tous les
vices, afin d'acquérir le droit de
prêcher le Dieu des vertus. Ma religion !... je la rapprochais des dog-
mes de l'évangile, et je trouvais ses
principes sacrés en opposition avec
la conduite de ses ministres. Je vou-
lus être honnête homme, et ma
franchise me perdit.

La révolution du pays de *Moria*
commençait ; j'étais dans un cloître ;
je m'avisai de parler de ce vrai patriotisme, qui ne veut point que la
richesse soit le partage exclusif d'un
nombre d'hommes, qui ne rendent
que des services spirituels ; je mon-
trai beaucoup de tolérance pour les

juifs, les protestans ; enfin, pour toutes les religions différentes de la nôtre. Je fus banni, chassé de l'abbaye, comme un novateur, comme un faux frère... et ma famille m'abandonna, au moins en apparence.

Cependant la révolution de *Moria* faisait des progrès rapides. Je profitai des circonstances, moins pour vivre que pour éclairer mes concitoyens. Bientôt les factions se montrèrent, et levèrent le masque... Il fallait se vendre... oui, il fallait vendre son cœur ou cesser d'écrire : je brisai ma plume ; ma conscience resta pure, et, dans mon désastre, je me trouvai sans reproches.

J'avais reçu, de la nature, des passions vives, impétueuses... La prudence en modérait les écarts ; cette prudence, je ne la devais qu'à moi seul ; car j'étais seul au monde...

mais l'homme est-il plus fort que la nature! L'amour, non pas cet amour lascif, qui ne brûle que des cœurs corrompus ; l'amour, le véritable amour, fut guidé par la reconnaissance.... Une femme sensible me donna du pain... moi, je lui donnai mon cœur...

J'ai des talens.... Un grand homme qui fut mon maître, voulut les rendre utiles ; je ne pouvais annoncer dans nos temples la vérité de l'évangile et de la morale, sans entrer dans toutes les initiations préparatoires. Persuadé qu'un citoyen père de famille, connaissant les peines et le bonheur d'un ménage, pouvait seul porter dans les ames cette consolation religieuse, qu'un froid célibataire ne donnera jamais, parce que pour adoucir les chagrins de son semblable, il faut en avoir éprouvé de pareils ; je me déterminai... Je suis prêtre, époux et père...

Une bande de tygres, une horde de brigands, sous le nom de *républicains exclusifs*, brisent, cassent, renversent les monumens de tout genre.... ils n'ont pas l'esprit, ces rafinés scélérats, ils n'ont pas le discernement de voir que des architectes, des peintres, des sculpteurs, des graveurs, morts depuis plusieurs siècles, et même existant dans le nôtre (1), ne pouvaient

––––––––––––––––––––––––––––––

(1) *Note de l'éditeur*. Le traducteur du voyage de *Frondeabus* trouve, en ce moment, un rapport singulier entre les artistes des quatre parties du Monde, et ceux de la *Cinquième*. Son père, B. L. HENRIQUEZ, est un des premiers graveurs de ce siècle, je ne dis pas de l'Europe, parce que l'Europe est trop étroite pour les arts. On prisera cet artiste quand il sera mort; il sera bien tems !...

prévoir qu'un nouveau système de gouvernement rendrait les peuples plus heureux, plus sages.... Monstres! cassez, brisez, brûlez les tableaux des peintres des trois écoles, les monumens de l'architecture, de la sculpture, de la gravure ancienne et moderne; faites succéder aux chefs-d'œuvres des grands maîtres, de détestables carricatures, une méprisable *carmagnole*, des républicains *peints en rouges* et à figure féroce.... Horreur! mille fois horreur!... L'auteur de *l'Enlèvement des Sabines* a déployé tout son talent pour éterniser *un monstre!*... Sa tête exaltée croit trouver l'héroïsme dans un homme perdu de mœurs, aboyeur d'une faction liberticide. O malheur! ce tygre altéré de sang est assassiné par une femme fanatisée; on en fait un dieu!... Il serait mort dans les tour-

mens de la plus honteuse des ma-
ladies.... Son cadavre empesta jusques aux cimetières !... L'artiste qui
peignit ce monstre dans sa baignoire,
a profané ses pinceaux.... Qu'il s'occupe de sujets plus dignes de son
génie, de son pays, c'est le moyen
de se concilier avec la nature, avec
les ames sensibles... Il peut le faire...
On ne connaît pas un peintre comme
lui !

Pardon, si je me suis écarté un
moment de mon récit; je le re-
prends.

Un nouvel ordre de choses est
établi. Je sais que je puis être utile;
je le deviens par mes ouvrages ; on
me récompense, on me place....
L'anarchie, quoi qu'on en veuille
dire, l'anarchie altère, corrompt,
et fait cesser la subsistance des citoyens : une famine factice désole
toutes les cités ; mon épouse avait

notre enfant !... Il expire sur son sein, faute d'alimens ! Nous n'avons pas été les seuls époux malheureux... On ne croira point, dans le siècle futur , qu'un homme, qu'un fonctionnaire public mourait de faim , avec quatre-vingt-dix mille livres de rente.... Il est vrai que cette somme équivalait à celle de *trois livres dix sols* PAR MOIS !

Au milieu de tant d'infortunes publiques et particulières , j'étais obligé , pour racheter ma vie , de rire et de faire rire le public ; car tel est le caractère du peuple de *Moria*. Chargez-le de fers , rendez-le à sa liberté , pourvu qu'il rie , qu'il chante , qu'il danse , peu lui importe.... Me voilà devenu auteur , C'est-à-dire , voilà que j'embrasse le métier le plus détestable qu'on puisse exercer. Pillé , volé par les directeurs de spectacles , je vois applaudir mes comédies, et je suis privé de leur bénéfice.

Placé pour mes talens, je me montre citoyen; je crois échapper au malheur.... Pas du tout.... De lâches calomniateurs, des délateurs perfides et vils, ne sachant comment se débarrasser de moi, multiplient leurs atrocités; ils parviennent à me nuire. Je les voyais, ces mauvais sujets, je les voyais rire d'un ris sardonique; ils me serraient la main, ils auraient voulu me poignarder. En même-tems que ces monstres me perdaient dans l'esprit d'un grand chef des sciences, ils avaient la sottise d'attester à ce même chef, que mes mœurs étaient pures, que mon civisme était irréprochable, et que mes talens leur avaient été utiles. Enfin, victime de ma franchise, je suis encore le jouet de l'intrigue. Où veulent-ils donc trouver de bons citoyens, s'ils écartent ceux qui ont fait leurs preuves, et qui n'ont pas besoin de leur appui pour opérer le bien!

— Mon cher, répond le fils d'Herschell, j'apprends, parce que vous me dites, que vous êtes père de famille, et homme de lettres; vous êtes à plaindre certainement; mais je ne vois pas dans tout cela de motifs légitimes pour vous livrer au désespoir, et pour abandonner les hommes en les détestant. — Mais vous ne savez pas tous les maux qu'ils m'ont fait! — Mon ami, quand ils voudraient vous en faire encore, vengez-vous en leur devenant plus que jamais utile.... Je vous avoue cependant que leur conduite m'étonne; j'ai voyagé dans les quatre parties du Monde, et j'ai remarqué, en France, sur-tout, que les lettres et ceux qui s'y consacrent, sont dans le plus grand honneur. Les Français font un cas tout particulier des savans et de ceux qui travaillent à le devenir... On ne trouvera pas un seul littérateur dans le besoin, toutes les ressources sont pour lui, on craindrait d'altérer la gloire de la nation, si l'on négligeait ceux qui peuvent l'éterniser. On ne voit dans la législation que de vrais, que de profonds légistes; pas un historien français ne voudrait mentir; dans l'instruction publique, on ne trouverait point un professeur ignorant; dans la littérature, pas un homme hors d'état d'en parcourir la vaste carrière. C'est donc le seul pays de *Moria* qui veut se couvrir d'un ridicule atroce aux yeux de l'Univers ! Que je plains vos compatriotes !.... Mais revenons à ce qui vous intéresse. Je veux absolument vous tirer d'affaire. Retournez chez vous ; votre

femme , votre enfant vous atten-
dent.... Un homme s'y est transporté pendant votre absence , et
vous trouverez dans votre cabinet
de quoi oublier vos disgraces. Allez,
mon cher *Agathos*.... — Qui vous
a dit mon nom ? — Ah ! ah ! vous
êtes bien curieux ? vous ne saurez
pas le mien... Devinez... et à revoir.

A ces mots, *Frondeabus* dispa-
rait. Le pauvre *Agathos* retourne
chez lui.... Sa femme le reçoit avec
joie. — Nous avons du pain ! mon
ami !

Du pain ! Quelle félicité ! Mortels injustes , on vous éclaire, on
peut vous rendre heureux par la
science des mœurs et par les talens
utiles et agréables ; vous déchirez
la main bienfaisante qui vous
guide.... Un jour, guérie de ses blessures , elle prendra le fouet de la

satyre et vous étrillera comme il faut.... Vous le méritez bien.

Le planétaire furieux de la conduite des peuples de *Moria*, méditait déjà ses vengeances ; mais le tems n'était pas encore venu.... Il retourna donc chez son ami *Placidos*, lui conta ses aventures, et apprit que madame *Pudica*, l'archevêque et l'abbesse se liguaient pour lui jouer un mauvais tour.— Bah! bah ! ils ne m'attraperont que quand je le voudrai bien.... Ce dont je suis certain , c'est que je ne m'en irai ni sans vous ni sans eux.... Dînons , j'ai faim.... Mangeons , rions , et rira bien qui rira le dernier.

Pendant le repas , ces vrais amis s'occupèrent du bien public. — J'ai aussi mes projets, dit le bon *Placidos*, et même j'en ai déjà exécuté plusieurs. J'avais pris plusieurs sommes

considérables; je les avais distribuées
à tout ce que je trouvais d'indigens...
Ma bourse fut bientôt vide — Il faut
la remplir; — Oh oui... je ne resterai
point tranquille tant que je connaî-
trai un malheureux. — Bien, bien,
mon papa.... puisez toujours dans
votre trésor, il ne tarira point.

Fort bien, interrompt la mère
Placidos. Mais je voudrais que mon
mari donnât tant d'argent, tant d'argent.... quoi! tout ce que nous possé-
dons, pour acheter la paix. — La
maman, prenez garde... paix achetée
n'est pas de longue durée. Il faut la
donner et non l'agioter..... c'est ce
qui n'arrive jamais dans les quatre
parties du Monde.

CHAPITRE

CHAPITRE. IX.

Comment *Frondeabus* alla au café, et comment il paya sa dépense.

Il faut heurler avec les loups, disait le fils d'Herschell; puisque c'est ici la mode d'aller au café, prendre une demi-tasse, un petit verre, et jaser affaires politiques ; prenons notre demi-tasse, notre petit verre, et politiquons.

Il entre donc dans un café....

— Messieurs, disait gravement un homme à gros ventre et à perruque ronde, appuyé sur sa canne et prenant son tabac, Messieurs, nous allons fort bien.... Nos armées ont battu complettement les ennemis... Nous leur avons tué dix mille

G

hommes, nous leur avons fait dix-
huit cent trente - trois prisonniers ;
nous sommes maîtres des bagages
et de la caisse militaire : l'artillerie
est en notre pouvoir.

— Parbleu, je vous en félicite,
lui dit *Frondeabus*, vous avez fait
un beau coup.... Il me paraît que
vous vous êtes tiré fort heureusement de la bataille... Il devait y
faire bien chaud ! — Nous nous
sommes battus en lions! nous dis-
putions le terrein pied-à-pied... L'ennemi tirait à boulets-ramés, à mitraille : lançait des bombes, et nous
fonçions à l'arme blanche... — Vous
avez dû perdre bien du monde ? —
Oh, presque point... — Cependant,
vous parlez de boulets-ramés, et de
mitraille ; vous parlez de bombes,
tout cela ne se pare point avec une
bayonnette.... Au reste, comme je
n'étais point à l'action, et que vous

vous y êtes trouvé.... — Moi! pas du tout!... Depuis huit jours, je ne quitte point le café, et je n'en désempare point tant que la patrie sera en danger....

Le nouvelliste avale son petit verre, avec son habituelle gravité... — Il faut, continue-t-il, en prenant du tabac et en offrant comme par manière d'acquit, il faut que dans les instans de périls, les bons citoyens se montrent, et ne perdent point de vue la chose publique.

— Je ne doute point de votre patriotisme, citoyen ; pardonnez à un étranger... Je connais peu les usages de *Moria* ; dans les quatre parties du Monde que j'ai parcourues, en France, sur-tout, quand j'allais au café, je n'entendais jamais faire des récits de bataille que par ceux qui avaient combattu. Les gouvernans seuls conduisaient l'Etat,

les législateurs s'occupaient des lois ,
personne autre ne s'en mêlait ; car,
disait-on , en France, il ne faut
parler que de ce que l'on connaît :
il n'est pas aussi facile de prendre
une ville d'assaut, que de s'en rendre
maître en buvant une bavaroise...—
Mais , monsieur l'étranger , à quoi
donc passait-on le tems? — Chacun
à son état se livrait tout entier ,
et chacun se délassait à sa manière.
— Mais, dans les cafés , on ne rai-
sonnait donc point politique ? —
Non , parce qu'on n'y entendait
rien , et qu'on était habitué à ne
pas prononcer légèrement. — Mais
vous n'aviez donc point de journa-
nalistes ni de journaux? — Non, car
les journalistes auraient ressemblé à
ceux de *Moria....* espèce d'animaux
amphibies, nageant sans cesse entre
deux eaux , disant blanc avec celui-
ci , noir avec celui-là.... Leurs ou-

vrages se seraient trop ressentis de leur vénalité.... Les erreurs politiques et civiles, l'adulation, la complaisance, la bassesse même, un sacrifice continuel aux événemens, voilà ce qui aurait résulté de toutes ces feuilles périodiques.... — Mais, Monsieur, la liberté de la presse? — Je la soutiens de toutes mes forces, mais je soutiens aussi qu'elle doit cesser où commencent le déshonneur et la perfidie. Je sais que dans le pays de *Moria*, l'on rencontre des journalistes véridiques, mais avouez qu'ils sont bien rares... — Pas tant que vous le croyez, réplique un jeune homme sec, maigre, décharné, rechigné; j'en sais là-dessus plus que vous.... — Ah! le citoyen est du métier. — Y a gros, répond le frère et ami, en ôtant son chapeau pointu, d'où pendaient deux grands cordons de

G 3

sonnette. Oui, tel que vous me voyez, je fais un journal, je suis le publiciste de *Moria*, je suis l'*Ami du Peuple* de *Moria*, et si l'on ne pend pas les trois-quarts de la nation, jamais on en viendra-t-à bout, comme par laquelle peuple sera t'heureux.— Permettez, voilà un langage qui est tout nouveau pour moi.... — C'est que vous ne connaissez pas la langue des républicains.... — Au contraire, c'est vous, qui, faute d'en connaître les principes, fabriquez un jargon grossier, inintelligible pour l'honnête homme et le vrai patriote. Ne vous vantez point de vos sales productions, de vos feuilles de sang, de vos provocations à l'assassinat.... Vous pourriez, à la fin, trouver à qui répondre, et mal vous en adviendrait.... Un journaliste doit être le flambeau d'un peuple, il doit l'électriser, le ranimer, jamais ne l'incendier ;... Mon petit citoyen, mon très-petit citoyen, commencez par avoir de la morale, par apprendre à lire et à écrire; tâchez de changer votre cœur contr'un autre ; alors vous ferez un journal qui trouvera peut - être des lecteurs éclairés. — Allons, je vois bien que tu n'es qu'un chien d'aristocrate! je vais te dénoncer aux *frères et amis*, et ton compte est bon... — Attendez, citoyen, je veux vous épargner une course....

En même-tems *Frondeabus* paie sa demi-tasse et son petit verre, prend le *frère et ami*, le met dans sa poche, et son mouchoir par-dessus. Le petit journaliste se débattait dans la poche ; il avait beau donner des coups de canne à épée , des coups de poignard dans la doublure du gilet de *Frondeabus* , il ne sortait ni ne pouvait sortir de sa prison. Le fils

d'Herschell avait quelquefois une
rancune permise. Il fouillait dans sa
poche, et par conséquent, pétris-
sait le pauvre *frère*.... Enfin, après
l'avoir rendu plus plat au physique
qu'il ne l'était au moral, notre planétaire le tire de sa prison, le pose
plus mort que vif sur une table,
écrit quelques mots et l'enveloppe
dans une lettre qu'il adresse aux
frères et amis :

« Je vous envoie un petit mau-
» vais sujet, qui m'a taquiné dans
» un café ; je sais qu'il ne paraît
» dans votre société que pour dé-
» noncer le tiers et le quart.... Si
» vous voulez valoir et paraître
» quelque chose, croyez-moi, re-
» jetez de votre club toutes ces têtes
» exaspérées, tous ces cœurs per-
» vertis, toutes ces ames de boue,
» tous ces hommes avides de car-
» nage. La liberté n'a point de loi de

» terreur; elle ne les écrit point avec
» du sang.... J'ai voyagé en France,
» j'y ai vu des sociétés politiques;
» on en proscrivait les fripons, les
» énergumènes et les scélérats :
» soyez aussi sages, je vous le sou-
». haite. Je vous avoue néanmoins
» que quand un corps législatif s'oc-
» cupe d'un code de lois, il n'ap-
» partient pas à des citoyens privés,
» de lutter contre elles, autrement
» on ne distinguera bientôt plus les
» administrans des administrés, et
» sous prétexte, même avec la per-
» suasion de remédier au mal, on
» en commettra toujours un bien
» plus grand. ADIEU ! »

Frondeabus craignant, avec raison, que sa lettre ne pût entrer dans
la boîte de la petite poste, la porta
lui-même *au Comité d'instruction
publique de la société* DES FRÈRES
ET AMIS *du peuple de* MORIA. Le

soir, les membres du Comité trouvent la lettre ; le format les étonne ;
on la porte sur un brancart au *Régulateur*, qui rompt le cachet, et
trouve *René François* à moitié
suffoqué...

—Frères et amis, dit *René-François*, il y a long - tems que vous
cherchez après un contre - révolutionnaire.... je viens vous le dénoncer... Vous savez que je suis habitué à vous faire des dénonciations
plus au moins mal fondées... eh
bien frères et amis... c'est moi qui....

A ces mots il expire... Grand tu-
multe, grande promenade de sonnette ;
les *sœurs et amies* des tribunes quittent leur tricot, le raccommodage
des culottes pour l'usage des *sans-
culottes*. Tapage infernal... On lit
la lettre de *Frondeabus* ; les sentimens, les opinions sont partagés...
Enfin, le *Régulateur*, dit : je propose

le renvoi de l'examen du tout, pour en faire le rapport dans la décade, à la commission d'instruction publique... — Appuyé, appuyé! aux voix! ça y est!

Le *Régulateur* met aux voix ; la majorité est pour la mesure prise, et le *Régulateur* remet *René-François* et la lettre dans l'enveloppe.

—Mais, dit un vénérable membre, vous parlez d'un rapport dans la décade ; sans doute la mesure serait très-prudente, s'il ne s'agissait pas d'un cadavre.

Le corps d'un ennemi ne sent jamais mauvais, répond vivement un autre frère et ami. — Bah! réplique un autre vénérable! on voit ben que t'as lu l'histoire d'Alixandre le grand, comme par quoi Charles premier, roi d'Espagne, fit trancher la tête à l'arimal Colignon, parce qu'il était protestant. — Le frère et ami se trompe, il met sur le compte d'Alexandre le grand, roi de Syrie, ce qui s'est fait et passé t'à la convention nationale, dont elle existait du tems de Charles neuf, qui fit assassiner l'amiral Coligny. Je demande, par motion d'ordre, qu'on éventre notre frère et ami, dont on saura pourquoi t'est-ce qu'il est mort.

La motion *passat* à l'unanimité. Des officiers de santé transportèrent les précieux restes de *René-François* dans le Comité d'instruction publique des frères et amis ; ils ouvrirent le cadavre, et ne lui trouvèrent point de cœur. — Oh ! je dis, s'écria un honorable membre, il a ben longtems qu'*i* nous avait vendu tout ça, aussi ne reste-t'y rien.

CHAPITRE X.

Comment *Frondeabus* attrapa le citoyen *Grippontatos*, et comment il lui rendit son premier métier.

FRONDEABUS n'avait pas oublié le citoyen *Grippontatos*, il lui en voulait, et cherchait une occasion de lui jouer un mauvais tour.

On a vu que le pays de *Moria* était en révolution, et que les peuples voisins épiaient l'instant pour lui nuire. Ils n'en pouvaient venir à bout, parce que les *Moriens*, malgré leurs travers, avaient beaucoup d'énergie et des forces considérables; en un mot, ils étaient invincibles sous les armes, et ne pouvaient être affaiblis que par la trahison. La nation des *Pardipolitains* était l'ennemie jurée, irréconciliable de celle de *Moria* ; le cabinet royal, voyant qu'il ne pouvait point employer les moyens reconnus par la folie humaine, sous le titre insignifiant de *bonne guerre*, eut recours à la perfidie, à la scélératesse : il corrompit, à force d'or, tous ceux qu'il fallait corrompre, et, malheureusement pour les *Moriens*, il y en avait de revêtus d'un ministère public. Ceux-ci gagnés, ne pouvaient que s'entourer de pervers, de gens sans aveu avant la révolution, de saltimbanques, d'abboyeurs de sections, de ces hommes de sang, de ces êtres sans mœurs, qui n'ont d'autre conscience que l'argent.

Le citoyen *Grippontatos* était de ce nombre. Jadis garçon tailleur, puis compagnon cordonnier; enfin mouchard d'une section, il avait tant intrigué, tant pillé, tant volé dans les scellés rompus, brisés, fracassés, que sa petite fortune était devenue une grande richesse. Le citoyen *Grippontatos* se faufila si bien, qu'avec quelques présens, assez adroitement glissés, il obtint une fourniture dans les armées ; et l'on a déjà vu l'usage qu'il en faisait avec la citoyenne *Pudica*. Chaque jour, fidèle à ses engagemens envers le chancelier de l'Echiquier du royaume de *Pardipolis*, maître *Grippontatos* volait les armées de *Moria*, les laissait manquer de vivres, d'habits, de chevaux ; enfin les défenseurs de la patrie étaient vendus à beaux deniers comptans ; ils avaient toujours été favorisés de la victoire ; mais la victoire ne sert pas de pain, et maître *Grippontatos* souriait du sourire du crime, en voyant périr d'inanition tant de braves militaires qui se traînaient encore au combat, faisaient quelques décharges et tombaient de besoin. Maître *Grippontatos* n'était pas seul pour cette opération patricide ; presque tous ses confrères , qui avaient commencé comme lui, et comme lui soldés par le cabinet de *Pardipolis*, coopéraient d'une manière aussi perfide à tous les maux qui pesaient sur la nation de *Moria*.

Je ne suis pas sanguinaire, disait *Frondeabus* à son ami *Placidos*, mais je jure, par la planète d'Herschell, de faire une punition exemplaire de cette poignée de scélérats qui trahissent au jour le jour un peuple plus malheureux que méchant. Je vais commencer par le citoyen *Grippontatos* , et je ne me donnerai aucun repos jusqu'à ce que je l'aie rendu à son premier état.

En même-tems *Frondeabus* se -
transporte chez le citoyen *Grip-*
pontatos ; il le trouve entouré de
brigans du même métier , parta-
geant l'or, multipliant les dépenses
des armées , et se distribuant des
sommes immenses, que le peuple de
Moria croyait être versées dans le
trésor national.

Le fils d'Herschell parlait toutes
les langues ; il s'était introduit chez
Grippontatos , en qualité d'agent
ministériel du célèbre chancelier de
Pardipolis ; les agioteurs de *Moria*
furent ses dupes ; il connut toutes
leurs menées, toutes leurs perfidies ;
il visita , à son aise, tous les plis et
replis de leurs cœurs ; ces monstres
vendaient la vie de plusieurs milliers
de soldats pour quelque argent ;
mais la vente était tellement mul-
tipliée qu'il en résultait des sommes
considérables.

Au milieu de ce brigandage politique, ces messieurs faisaient d'autres
spéculations ; ils fabriquaient un
nouveau genre de commerce ; tout
devait passer par leurs mains : il
n'y avait point jusqu'aux prostituées
auxquelles ils voulaient faire payer
des patentes pour le droit d'exercer
leur métier infame. Les académies
de jeu, c'est-à-dire, ces maisons où
tant de fortunes sont engouffrées,
devaient aussi payer leur continuité.
Comme ils n'avaient que des crimes
à vendre, ils espéraient trouver
beaucoup d'acheteurs, car dans le
pays de *Moria*, la délicatesse ne
présidait guères aux marchés.

Frondeabus perdit patience. —
Morbleu, s'écria-t-il, d'une voix de
tonnerre, et frappant sur la table,
morbleu, vous êtes de francs coquins!
détestables sangsues, abominables
dilapidateurs, vous croyez donc

prolonger vos spéculations patri-cides ! vous vous imaginez donc que je vous tiendrai quittes de tant de scélératesses !... Allons, marauds, qu'on vide ses poches, et qu'on me donne les clefs de tous les coffres-forts, ou bien je vous écorche tous vifs !....

La transition subite du planétaire, que ces messieurs regardaient, il n'y a qu'un instant, comme leur digne collègue, étonna tellement les fournisseurs, qu'ils ne purent proférer une seule parole. — Qu'on se dépêche, continua *Frondeabus*, en prenant au collet le citoyen *Grippontatos*, en le secouant avec violence.... Ni toi, ni tes complices, vous ne pouvez m'échapper.... Je n'ai pas le tems de vous attendre.... Comptez-moi tout votre or, et faites ensuite ce que je vous dirai....

— Mais.... — Point de *mais !*

— Nous n'avons point tout ici !....

— Envoyez chez vous, canailles, ou vous allez passer par mes mains.

Le fils d'Herschell ne badinait pas.... Il fallut obéir. Une heure après les voitures de ces messieurs arrivèrent chargées de leurs trésors.

— Bon cela, dit *Frondeabus*; maintenant, il faut me faire une petite confession générale. Qu'étiez-vous avant la révolution de *Moria* ?

Ces messieurs répondent.... Ils se trouvent avoir été cordonniers, tailleurs, barbiers, épiciers, save-tiers, menuisiers, puis membres de comités révolutionnaires, puis soutiens de ces nobles asyles, où tant de filles de bien se gouvernent encore mieux. Coquins, s'écrie le planétaire, nulle profession n'est in-différente aux yeux de la loi ; elles sont toutes nécessaires, précieuses à la société, quand elles ont pour guide l'honneur, et pour base l'intérêt général ; mais quand ceux qui les exercent, les quittent par des motifs de gains aussi peu légitimes que les vôtres, quand ils perdent la chose publique avec toute la connaissance du mal qu'ils lui font, on doit en faire exemple, et c'est bien mon intention.... Point de réplique ; ou je vous extermine.

C'était un spectacle risible que celui d'une trentaine de fournisseurs attachés l'un après l'autre comme des chevaux qu'on conduit au marché. Ils portaient sur leur dos un énorme sac d'argent ; un cocher, le fouet à la main, les conduisait ; après eux marchaient leurs voitures chargées d'or et d'effets précieux que ces citoyens trop actifs avaient pillés par-tout où ils les avaient trouvés. *Frondeabus* invisible pour mieux jouir, écoutait les

dires de tous les spectateurs.... **Ils**
se demandaient les uns aux autres:
quelle est cette étrange procession!
Tiens! voilà mon ancien cordonnier.
— Tiens! mon perruquier!... où
allez-vous donc; comme cela? A la
trésorerie nationale, répondait piteu-
sement l'affligé *Grippontatos*.

Ils arrivent. Les administrateurs
étaient déjà prévenus du tour du
planétaire... — Ah! citoyens, vous
venez apporter votre don patrio-
tique? — Hélas, oui, citoyens! —
A combien se monte-t-il? — Nous
l'ignorons, citoyens. — En ce cas,
nous allons examiner le tout en
votre présence. — Hélas! citoyens,
nous avons pris sans compter, rece-
vez de même.

Frondeabus se croyant assez satisfait, laisse-là messieurs les fournisseurs, qui, trop heureux d'en être
quittes pour la peur, et n'osant re-

tourner dans leurs palais, s'enfuient comme ils peuvent, vont à la halle, troquent leurs superbes habits, contre des vétemens analogues à leurs professions. Chacun prit son parti, son métier. — Ah! dit *Frondeabus* aux administrateurs de la trésorerie, si dans les quatre parties du Monde, on rencontrait de pareils fripons, ils n'auraient pas beau jeu ; mais on n'a jamais connu de semblables brigandages... Rien de plus délicat qu'un fournisseur de la République Française, par exemple, aussi sont-ils regardés comme les pères nourriciers de l'état ; on les connaît de père en fils ; leurs familles sont intactes ; c'est l'honneur personnifié ! Jamais ils n'ont détourné une botte de foin, un morceau de drap, un litre de farine ; c'eût été un crime bientôt dénoncé. Ils se contentent d'un bénéfice honnête, et leur devise est ;

moins de profit , plus de vertu.

(Voilà encore un mensonge épouvantable , s'écrieront les lecteurs
français ; pourquoi donc parler contre l'évidence ? — Eh, citoyens! souvenez-vous que *Frondeabus* ayant
trouvé les quatre parties du Monde
absolument incorrigibles , il voulait
corriger au moins celle qui restait ;
il avait beaucoup à faire , comme
vous avez dû voir ; mais tout n'est
pas encore vu. Je crains même que
Moria n'ait le même sort que Paris,
c'est ce que nous apprendrons par
la suite.)

CHAPITRE

CHAPITRE XI.

Comment *Frondeabus* se trouva dans une bataille, et comment *Placidos*, le conscrit, s'y montra.

———

L'ENNEMI avançait toujours sur le territoire de *Moria*, et par-tout il portait le fer et le feu ; dans sa rage, il ne se contentait pas de piller, d'incendier ; il massacrait, sans pitié, les femmes, les enfans, les vieillards. On était aux abois. Le Conseil suprême envoya chercher l'Archevêque, guéri de sa *privation ;* et par un de ces effets singuliers du hazard, il invita le planétaire à se rendre en même tems à l'assemblée.

Le fils d'Herschell ne se fit pas prier : il arrive, et, toujours porté à la malice, il se place tout à côté de

H

Monseigneur , et ne manque pas de demander à sa Grandeur l'état de sa santé. L'Archevêque aurait mieux aimé voir le diable ; mais il fallait dissimuler , et Monseigneur était *eunuque* à le faire. C'était vraiment une scène de comédie que de voir le planétaire saluer avec beaucoup de respect l'Archevêque, et lui témoigner mille déférences.

Enfin les Conseillers de *Moria* , instruits des dangers de la patrie , arrivent après douze ou quinze heures d'attente. Ils sont en nombre suffisant pour délibérer , on ouvre la séance.

Le président fait donner lecture des nouvelles des armées ; l'on s'étonne des défaites constantes, continuelles, après tant de victoires. Un orateur monte à la tribune, et dans un long discours, qu'on a la patience d'entendre, il établit les causes de la guerre , etc. etc. etc. *Frondeabus* fixait l'orateur , prenait du tabac comme un suisse ; sa figure se décomposait , ses traits s'allongeaient , il paraissait de fort mauvaise humeur. Enfin , ne pouvant plus y tenir , il s'écrie , comme l'écolier de *Lafontaine* :

> Eh , mon ami , tire-moi du danger ,
> Tu feras après ta harangue !

Voulez-vous bien me permettre de vous dire mon opinion , citoyens Conseillers ? J'aime on ne peut pas plus l'éloquence ; les discours prononcés avec goût , avec grâce , me font un plaisir infini ; mais , en ce moment , les troupes *Pardipolitiennes* avancent ; ici je termine ma harangue , et je m'écrie : *voilà l'ennemi !* marchez , faites marcher , et que l'on se hâte de le repousser.

Il était tems que l'on suivît le

conseil du planétaire, les troupes de *Pardipolis* avançaient à grandes journées ; leur cause était trop injuste pour triompher ; on craignait que les généraux ennemis ne remportassent la victoire ; mais *Frondeabus*, outré des perfidies du grand chancelier de l'échiquier, perfidies dont il n'avait été que trop convaincu par les complots des fournisseurs, ne voulut point qu'ils eussent l'avantage. Il se mit à la tête d'une division, en conseilla les chefs, conduisit la manœuvre, et fit des attaques si savantes, que bientôt les fameuses colonnes furent enfoncées.

Les généraux de *Moria* profitèrent du désordre de l'armée ennemie pour la fatiguer avec plus d'acharnement ; ils ordonnent de foncer à l'arme blanche, et donnent l'exemple de la plus grande intrépidité. Ils avaient néanmoins affaire à quelques bataillons qui, malgré leur perte, faisaient toujours bonne contenance, et se resserraient en quarré ; ils furent encore entamés, ils parurent même perdre courage, et les grenadiers de *Moria* furent les premiers à s'y tromper. Mais à peine étaient-ils au centre, que le bataillon quarré se referme, et le combat recommence avec plus de fureur. Un des généraux *Moriens* tombe de cheval, un colonel ennemi lui porte un coup de sabre ; un jeune grenadier couvre de son corps son général, reçoit une blessure à l'épaule, lache son coup de fusil dans la tête du colonel, saute sur son cheval, et malgré la perte de son sang, il distribue des coups de pointe et de contre-pointe à tout ce qui l'entoure. Enfin, après trois heures de carnage, les bataillons de *Pardipolis* ne sont plus que des fuyards, que l'artillerie légère poursuit, et que la cavalerie achève.

On devine bien que le jeune grenadier c'est *Placidos*. Il était resté sans connaissance sur le champ de bataille ; son général, blessé moins dangéreusement, avait été transporté dans sa tente, et demandait qu'on lui amenât, mort ou vif, le brave conscrit qui lui avait conservé le jour, au risque de périr. On cherche *Placidos* parmi les morts et les mourans ; on trouve un jeune militaire, qui s'efforce de soulever son camarade, le laisse retomber, le reprend et retombe encore avec lui. Il est bientôt secouru ; on les porte, l'un et l'autre, chez le général. A force de soins ils reprennent leurs sens.

Ils étaient auprès du lit du général, qui leur adressait les paroles les plus consolantes, et en même tems leur réitérait ces remercîmens de loyauté qui partent de l'ame d'un guerrier sensible. *Placidos* secoue la tête comme quelqu'un qui sort d'une profonde léthargie.—Avons-nous sauvé les drapeaux, demande-t-il avec feu! Amis ! sommes - nous vaincus ? —L'ennemi est en fuite. — Ah! *Sophiane !* je puis maintenant mourir, mon honneur est satisfait!... Je perds mon amour avec ma vie : général, voici ma maîtresse.... elle combattait à mes côtés.... je vous la recommande. — Adieu !

Placidos perd encore connaissance, tend une main à *Sophiane*, de l'autre serre le bras de son général.... il se roidit, on croit qu'il expire....

—Un instant, s'écrie *Frondeabus*, je sais qu'il est on ne peut pas plus glorieux de mourir pour sa patrie ; mais il est encore plus beau, plus utile de vivre pour elle. Allons, mon ami, continue le planétaire, c'est assez faire le mort, réveillez-vous, la perte du sang est arrêté, vos blessures se referment, demain il n'en restera que les cicatrices.

Sophiane s'élance dans les bras du planétaire, et le passage rapide d'une douleur trop amère, à l'excès de la joie, l'empêche d'articuler un seul mot; son sein palpite; les larmes coulent enfin sur ses joues; elle respire.—Ah! vous me rendez la vie!.. Je n'ai pu supporter l'affreuse idée d'une séparation.... J'adore *Placidos*; j'étais bien sûre qu'il m'aimait: il partit; j'oubliai tout pour mon amant. Ma faute sera-t-elle impardonnable! Ne me fera-t-on point rentrer en graces auprès de ma famille?... Mais quoi, je ne l'ai point déshonorée sous l'habit militaire.... Vous tous, qui m'avez vu supporter les fatigues de la campagne; vous, qui m'avez vu combattre, officiers, soldats, que j'appelle encore mes camarades, répondez ! Est-il quelqu'un qui puisse m'adresser un reproche? Mon exemple est dangereux, je le sais, mais on n'aime pas comme *Sophiane*.... L'amour est dans mes veines ; mon cœur est tout feu, tout amour ! et croyez-vous que j'eusse long-tems vécu, si *Placidos* avait perdu la vie !.... Je sentais la mort circuler dans tout mon être, à mesure que je voyais expirer mon amant... Il revoit le jour, je redeviens calme ; mon bonheur recommence.... Je ne vous redemande point *Placidos*, vous avez encore besoin de lui.... Je ne le quitte point, j'ai sauvé notre drapeau, vous le savez.. Généraux, et vous tous, mes chefs, il me faut une récompense... Je demande à marcher encore sous ce drapeau teint de mon sang... Oserez-vous me refuser ?

H 5

L'état-major était assemblé dans la tente du général ; les officiers se regardaient en silence, et ils attendaient la réponse de leur chef. Celui-ci les devina.—Eh bien, *Sophiane*, continuez à vaincre..... l'amour et l'honneur, le courage et la beauté, ne peuvent que porter bonheur aux armées de *Moria*. Camarades, vous savez comment *Placidos* s'est comporté pendant l'action. S'il ne m'eut pas sauvé la vie, je récompenserais sa bravoure ; mais ne devons-nous point de la reconnaissance à un vrai militaire, à un jeune homme qui n'avait jamais vu le feu, et qui montre une intrépidité au-dessus de tout éloge. Ce qu'en d'autres circonstances je pourrais accorder, comme votre chef, je vous le demande comme votre ami ; répondez ; quel grade accordez-vous à *Placidos*?

— Capitaine. — Commandant de

bataillon. — Général de brigade. —
Je demande une lieutenance, répond le modeste conscrit.... Un acte
de courage n'est pas une preuve de
grand talent militaire. Je puis commander un détachement, mais non
pas une compagnie, encore moins
un bataillon, ce qui prouve mon in-
capacité pour être à la tête d'une
brigade.

La réponse de *Placidos*, et l'air
déterminé avec lequel il la fit,
étonna le général et les officiers su-
périeurs, accoutumés à entendre des
réclamations qui n'avaient pas le
sens commun, ou qui ne pouvaient
réussir, parce que l'ambition, l'orgueil et l'ignorance les avaient dic-
tées.

— Qui se croit moins, est plus,
répond le général. *Placidos*, le conseil de guerre prononcera sur vous
d'une manière plus avantageuse, et

le Génie qui vous seconda dans le plus fort de la mélée, peut augmenter vos talens. Cependant, il faut que vous serviez d'exemple à vos jeunes camarades ; il faut qu'ils soient convaincus qu'on ne les enlève point à leurs familles pour les faire égorger, mais pour défendre la patrie. Nous autres guerriers, nous sommes étrangers aux démêlés de l'intérieur ; nous ne savons qu'épargner le sang du soldat, et acheter les victoires avec le moins de sang possible.

— C'est tout comme en France, répond le fils d'Herschell ; car, il faut l'avouer, on est quelquefois exposé aux guerres, mais elles ne durent presque point ; la bonne intelligence est bientôt rétablie entre les nations. Revenons pourtant à notre conscrit, et voyez ce que vous en voulez faire.

—Décidément, un général de brigade.— Eh bien, j'accepte, puisqu'il le faut, mais je demande du service dans l'artillerie légère, parce que j'ai quelques connaissances mathématiques qui pourront être utiles.

Le conseil était encore assemblé, lorsqu'un courrier extraordinaire apporta un grand paquet... Le général en chef ouvre les dépêches. — La paix est faite, s'écrie-t-il ! Aussitôt un cliquetis d'armes se fait entendre dans le camp. Les tambours, les corps de musique augmentent et animent la joie des troupes. Bientôt un général ennemi arrive dans la tente du général des *Moriens*, il lui présente une épée d'une valeur inestimable, et le prie de l'accepter de la part de son empereur.—Volontiers, je la porterai un moment..... Qu'on fasse entrer un grenadier. (*Il entre.*)

Camarade , vous avez partagé avec moi tous les périls , dites à l'armée que je lui offre cette épée.

Le grenadier se retire , et rentre un quart-d'heure après. — Général, les soldats de *Moria* , pénétrés de respect et de reconnaissance , vous prient de vouloir bien agréer , de leur part, cette même épée : avec elle vous nous montrerez toujours le chemin de la victoire.

— C'est bien , dit *Frondeabus* , c'est très-bien. J'ai vu, en Allemagne , un fait à-peu-près semblable , excepté qu'il se passa tout différemment. Je suis charmé de voir le général de *Moria* concilier la politesse avec cette générosité franche qui dévoile un excellent cœur....

On se sépara ; les ordres furent données pour faire rentrer les troupes de *Moria*. Le fils d'Herschell obtint, du général, un congé pour

Placidos et sa belle *Sophiane*. Le lendemain, toujours au soir, ils entrent chez le père.

—Eh ! voilà notre fils !.... Quoi, mademoiselle ! vous êtes avec lui.... N'est-ce pas honteux de votre part, d'aller courir la pretentaine avec des soldats ?... Et comment voulez-vous qu'on vous regarde !—Allons, maman *Placidos*, ne la grondez point, ce qui est fait est fait... Papa, voilà votre fils que je vous présente comme général de brigade....

—Ah ! mon dieu ! mon fils général ! répétez donc, citoyen *Frondeabus* ! — Général de brigade !..— Eh ! mais oui ! c'est bien comme ça !... Mon cher enfant, mon pauvre enfant ! Va ! le bon Dieu peut me retirer de ce monde quand il voudra.... Ma petite *Sophiane*, pardon, excuse si je t'ai mal reçue.... Viens me baiser, mon cœur... Viens dans les bras de ta mère ; oui , tu épouseras le général *Placidos !* Mais, mon mari, regarde donc un peu comme il est bien habillé ! tout galoné ! tout brodé ! Ah ! ah ! je savais bien, moi, que notre fils ferait parler de lui.... Dis-moi donc, mon enfant, est-ce que tu ne peux pas devenir encore autre chose? — Eh, ma mère ! prenez garde! voilà l'ambition qui commence.... Souvenez-vous que nous n'étions que de pauvres cultivateurs, et je quitterais volontiers mon grade de général pour reprendre ma charrue, si je n'espérais point être utile à ma patrie, en combattant sous ses drapeaux. Je dois mon avancement à une action de courage, il est vrai ; mais combien de camarades ont partagé la victoire! Plus heureux qu'ils ne l'ont été, je me vois officier supérieur, et ils sont encore soldats. Un jour, sans doute, leur bravoure sera récompensée....

— Mon fils, répond le vieux *Placidos*, fasse le ciel que la dernière victoire que votre armée vient de remporter, soit le sceau d'une paix durable, d'une réconciliation bien sincère ! Dieu ! Dieu de mon pays ! conserve cette belle jeunesse ! elle défend la patrie avec trop de courage, trop de constance, trop d'intrépidité, pour que tu souffres davantage des guerres injustes, longues, cruelles, et toujours funestes même pour la nation triomphante !

— Je le sais, répliqua *Frondeabus*, mais que voulez-vous ! tant que les hommes s'écarteront de la nature, ils seront victimes de leurs sottises. Ils n'ont que quelques jours à vivre sur la terre, et ils n'y font que des folies.... Tant pis pour eux... Je les plains de tout mon cœur; mais quand on leur dirait mille fois par jour, qu'ils sont extravagans, capricieux, ambitieux, méchans, et que tant qu'ils ne vaudront rien, ils seront misérables ; ces animaux-là croiraient qu'on leur en veut, et qu'on cherche à les humilier, à les avilir.... Ne nous occupons point, en ce moment, de leurs travers, de leurs vices : parlons mariage. Le général *Placidos* n'est pas homme à rester garçon.... J'aime beaucoup les nôces, et nous ferons, après demain, celle de nos enfans.

Et le mariage se fit au jour dit et à l'heure dite.

CHAPITRE XII.

Comment *Frondeabus* alla se promener dans les jardins publics de *Moria* ; comment il y prit de l'humeur ; comment il entendit la chanson d'un jardinier.

J'ENTENDS toujours parler des jardins publics de *Moria*, dit le planétaire d'Herschell, il faut que je les visite.... Partons...

Un mugissement long et répété frappe son oreille. — Il vient de là !

Frondeabus passe un fleuve, et se trouve dans le Jardin des plantes.

— Des lions ! quels beaux quadrupèdes ! c'est dommage qu'ils circulent dans des niches trop étroites.... On admirerait plus facilement leur belle structure... Comme ils promènent leurs regards de feu sur les spectateurs! ces regards n'ont rien de féroce... C'est une fierté majestueuse.... Chaque lion semble dire : hommes injustes! c'est pour votre plaisir que vous me réduisez en captivité..... Dans mes fers , je vous brave.... Dans mes bois, je vous pardonnerais.... Plus d'une fois on vanta ma générosité... La vertu est donc une chose bien rare parmi vous! elle obtient votre suffrage chez un animal!... Tàchez de la pratiquer... Hommes qui vous prétendez les rois de la nature, convenez de votre folie, sentez votre bassesse... et passez votre chemin !...

Un mugissement plus doux fait avancer le planétaire. Jusques dans les cachots, l'amour se fait donc sentir ! couple infortuné , vous oubliez vos disgrâces !.... vous vous prodiguez des caresses...... Jeunes

amans, vous rugissez d'amour, et
vous méconnaissez l'inconstance....
Que d'animaux, soi-disant raison-
nables, devraient baisser les yeux!
et pâlir de honte!

Autre exemple! la force protège
la faiblesse.... Un chien est l'ami
d'une lionne! il folâtre avec elle! Tous
deux ont oublié la distance.... En
prison, ils sont égaux; dans la forêt, loin de leurs tyrans, ils seraient
encore amis!...

Des ours misanthropes!... j'en ai
trop vus parmi les habitans de *Moria*.... Des singes!... plus adroits que
les hommes, ils n'en ont point la
perfidie..... et les hommes ne le
croyent pas.

Voilà donc des oiseaux étrangers.
La cigogne, symbole de la méde-
cine, et le goëlan méchant et stu-
pide... Quelle analogie entre ces habitans ailés, des bords de l'Océan,

et certains hommes des quatre parties du Monde !

Le planétaire s'amusa quelques
momens des jeux des faons, des cerfs,
largement parqués.... Il visita les
éléphans, les chameaux et les autres
quadrupèdes, bien soignés, et heureux
autant qu'ils pouvaient l'être dans
l'esclavage. Un spectacle majes-
tueux devait étonner *Frondeabus.*
Un cabinet, ou plutôt une longue
galerie est ouverte..... L'habitant
d'Herschell s'écrie : — Où suis-je !
et quels dieux ont rassemblé dans
ces lieux tous les trésors de la nature ?... Il faut que je respire les parfums de ces belles fleurs.... C'est de
la toile ! Oh ! comme ce *Van-
Spandonc* m'a trompé ! Je veux
emporter, dans ma planette, un
chef-d'œuvre de ce grand peintre....
De tels génies font honneur à la
création !

Quel est ce précieux reste d'un grand homme? Voilà donc ce que la mort a laissé de *Turennios !* et comment a-t-on conservé ces respectables débris? par une ruse! Les antropophages jouaient dans les sépulches, avec les ossemens desséchés; ils en rongeaient la chair racornie... Ils insultaient à ce qu'on doit respecter dans la tombe. Un homme dupe le crime, et le héros inanimé est soustrait adroitement à la rage de l'ignorance et de la scélératesse. En voyant *Turennios ,* on se dit : il n'a point usurpé l'immortalité , celui-là!... Que d'autres l'imitent, et cherchent à faire mieux que lui.... Une noble émulation est toujours permise , nécessaire , louable... L'ingratitude et l'oubli ne doivent jamais profaner le cœur humain !...

Après avoir admiré les richesses immenses des trois règnes de la nature, que les génies *Buffo*, *d'Aubento* et *Cépédios* avaient rassemblées dans ces vastes galeries, *Frondeabus* en sortit avec ce recueillement qu'une ame pure éprouve en quittant les temples de la divinité. Il monta ensuite à ce fameux labyrinthe, d'où l'on découvre toute la ville de *Moria*... — Que de loges de fous, s'écria-t-il ! eh quand donc verrai-je cette superbe cité peuplée d'hommes sages !

Une voix rauque le détourne de ses réflexions ; il apperçoit un jardinier taillant les haies : il s'arrête pour l'entendre. Le jardinier tire de de sa poche une bouteille, garnie d'osier, la fixe avec complaisance, boit, et se met à chanter :

> Nargue d'amour, vive le vin !
> De ma chanson c'est le refrain ;
> Par ma foi trop courte est la vie,
> Pour songer à mélancolie.
>
> Nargue

Nargue d'amour, vive le vin !
De ma chanson c'est le refrain.

L'amour a doucettes langueurs,
Bacchus n'a que vives ardeurs...
On n'aime que dans la jeunesse,
On boit encor dans la vieillesse.
Nargue d'amour, vive le vin !
De ma chanson c'est le refrain.

L'amour a de tristes momens.
Ses disputes et ses tourmens....
Bacchus met, en chance pareille,
L'accord au fond de la bouteille.
Nargue d'amour, vive le vin !
De ma chanson c'est le refrain.

Je voudrais voir le genre humain
Réuni, le verre à la main,
A la paix, à l'amitié, boire...
Pour un bon cœur, quelle victoire !
Alors je dirais pour refrain :
Vive l'homme ! Vive le vin (1) !

____

(1) Cette chansonette est sur l'air : *Que
le tonnerre et ses éclats*, de *Raoul, sire
de Créqui.*

I

— Voilà un philosophe, dit *Frondeabus* au vieux *Placidos* et à sa famille. Je ne m'attendais pas à trouver tant de bon sens dans cette partie du peuple, ordinairement sujette à l'erreur, parce que son éducation est négligée, et qu'on a la mauvaise politique de la condamner à l'ignorance. On ne saurait croire combien de maux on fait à la société... Cette classe ouvrière, industrieuse, travaille comme une machine ; elle est circonscrite dans ses idées étrangères à celles de sa profession. Si ses besoins physiques sont moins multipliés, sa moralité n'est pas toujours saine ; on rend l'ouvrier une espèce d'instrument des plaisirs, des goûts, des passions des hommes vicieux ou criminels ; et tel individu de ce qu'on appelle dans certains pays *le petit peuple,* va, pour six francs, porter en triomphe la statue d'un grand homme, puis la jeter à l'eau, pour un sol de plus. Ce n'est pas ainsi qu'on établit la gloire d'une nation ; au contraire, chaque jour, on altère sa splendeur, et quand un peuple se démoralise, un état est perdu.

Que l'on est bien plus sage en France, en Espagne, en Italie, en Angleterre ; en un mot chez toutes les nations policées des quatre parties du Monde ! l'instruction est la propriété de tous.... Les arts, les sciences y sont dans le plus grand honneur ; c'est admirable, comme on protège ceux qui les cultivent.

J'ai connu un ministre d'une république d'Europe qui, touché de la misère d'un homme de lettres, lui avança une somme assez forte pour le faire sortir d'embarras. Quelque tems après, ce même homme de lettres veut lui restituer

la somme qui lui avait été avancée ;
le ministre, plus humain que certains hommes en place, lui remet
généreusement cette même somme.

Quelque tems après, le même
homme de lettres est obligé de partir
pour un poste où la voix d'un dépar-
tement l'appellait, parce qu'il avait
fait le bien. Le ministre *nouveau*
lui refuse des secours. — Eh bien,
répond fièrement l'homme de lettres,
je mangerai de l'herbe tout le long
de mon chemin, je coucherai sur
la terre ; adieu, citoyen ministre !...
Il partit, fit le bien dans son poste ;
et le dur ministre se repentit d'avoir
agi d'une manière si leste envers un
homme qui avait donné, *avant lui*,
des preuves de civisme.

CHAPITRE DERNIER.

Comment *Frondeabus* fit une collection de toutes les curiosités des cinq parties du Monde ; comment il s'en retourna dans sa planette, et comment il y fut reçu.

JE n'ai plus rien à chercher sur la terre, dit *Frondeabus* à ses hôtes. Je vous avoue même que je m'y ennuie on ne peut pas davantage ; en conséquence je suis résolu de partir le plus promptement possible. Mais il faut que j'emporte avec moi des échantillons de ce qu'il y a de plus curieux sur la terre. J'ai déjà choisi ce qui me plaisait le mieux et ce qui me paraissait bizarre à l'excès. Je vous quitte pour quelques jours ; pendant ce tems, faites-moi

I 3

construire deux cages en bois, qui puissent avoir, l'une trois cents mètres quarrés, l'autre plus petite d'un tiers. A revoir, mes amis.

Le fils d'Herschell disparaît. Le père *Placidos* emploie sur-le-champ les menuisiers et les charpentiers de *Moria*. Les cages furent construites en moins de trois décades, et tous les badauts ouvraient de grands yeux, de grandes bouches, car jamais ils n'avaient vu de si grands coffres ; et ce qui les intriguait le plus, c'est qu'ils ne savaient point à quel usage ils étaient destinés ; *Placidos* ignorait lui-même pourquoi *Frondeabus* les avait fait faire. Les conseillers du Grand Conseil, les généraux, les officiers civils et militaires n'en étaient pas mieux informés.

Enfin, au bout de quinze jours, on apperçoit une masse de nuages, et une escadre aérienne, commandée par tous les aéronautes des quatre parties du Monde. *Frondeabus* descend avec le parachute de *Garnerin;* et l'astronome *Lalande*, qui voulait partir pour l'Amérique avec *Blanchard*, fut fort étonné de se trouver dans la cinquième partie du Monde.

Le sergent *Tintamarous* était encore de garde à la poterne de *Moria;* mais, pour cette fois, il se ressouvint de la cheminée et de la lèchefrite : loin de s'opposer à la descente des voyageurs, il fit sortir tout son détachement pour former l'enceinte dans laquelle les voyageurs aériens descendirent.

Les hommes à bonnets pointus, étonnés de voir des êtres à peu près faits comme eux, mais habillés d'une manière toute différente, ne savaient que penser et que dire.

N'oublions pas de dire aussi que

le fils d'Herschell avait apporté dans *Moria* des échantillons de tous les peuples d'Asie, d'Afrique, d'Améque, et d'Europe. Les échantillons étaient divisés en deux ballots, presqu'aussi grands que les cages construites à *Moria*, par ordre du planétaire.

Les voyageurs descendent ; le fils d'Herschell alla les présenter au Conseil Suprême de *Moria*, lequel Conseil Suprême ne fut pas moins étonné que le reste des habitans de *Moria*.

(Nous ne donnerons point ici la harangue de *Frondeabus*, ni la réponse du président ; nous ne parlerons point des préparatifs du départ de notre planétaire ; nous passons subitement à ses adieux au peuple de *Moria*.)

Le père *Placidos*, et sa femme étaient plongés dans un profond sommeil, le général *Placidos* et l'aimable *Sophiane* dormaient aussi. *Frondeabus* les transporte dans une des belles chambres de la petite cage, et vous en saurez la raison plus tard. Le sergent *Tintamarous* ayant bu plus que de coutume, était en dispute avec son curé. — Misérable ivrogne, lui disait son pasteur, tu ne crains donc pas d'offenser Dieu! — Monsieur le curé, faites attention, s'il vous plaît, à ma profession de foi. Dieu a créé le vin, et je bois le créateur dans la créature... Vous nous dites qu'il est présent par-tout; eh bien, ma bouteille est une partie de ce partout là.... Donc Dieu est au fond de ma bouteille quand elle est vuide, ou dans le vin lorsqu'elle est pleine; rien de plus clair que ce raisonnement. Il allait continuer ses argumens dans un genre aussi solide, lorsqu'il se sentit enlevé par un tourbillon, qui lui causa un étourdissement prolongé jusqu'à l'arrivée du fils d'Herschell dans sa planette.

— Adieu, peuple de *Moria*, s'écria *Frondeabus*, d'une voix terrible ; adieu pour jamais ! Je vous ai donné quelques leçons de sagesse ; tâchez d'en profiter. Je pars, soyez heureux ; mais, je vous le répette, soyez sages.... Que chaque nation vive selon ses lois, sans que les autres se mêlent de leur en prescrire de différentes ; que dans chaque nation les gouvernans se ressouviennent qu'ils ne sont rien sans le peuple, et que le peuple peut exister sans eux. Que les gouvernés n'oublient jamais que ce n'est point à l'individu qu'ils rendent l'hommage de leurs respects, mais à la fonction dont cet homme est revêtu. Souvenez-vous, ô nations de toute la terre,

souvenez-vous que le fanatisme politique et le fanatisme des religions,
sont les plus grands fléaux qui puissent tomber sur vous... Méfiez-vous
de ces hommes mielleux, douce-
reux, qui vous flattent pour vous
duper. Craignez encore davantage
ces hurleurs exaspérés, qui ne veulent, qui ne desirent que du sang...
Ces monstres-là prolongeront vos
malheurs...Ils forment une chaîne de
criminels, dont le premier anneau
est l'infernal *Pitt*, et le dernier, un de
ces êtres immoraux de la queue de
Robespierre. Je le dis aux français
comme aux peuples de *Moria*. Si
vous voulez être libres, soyez-le par
vos vertus, autrement une illusion
douce se changera dans une affreuse
réalité. Les républiques ne peuvent
exister sans mœurs. Portez vos regards
sur tous ceux que vous avez appe-
lés à des fonctions publiques..... Si

leur cœur est affecté d'un vice ; dites hardiment qu'ils ne méritent point votre confiance ; appelez des citoyens purs , intègres... et quand vos choix seront exempts de l'esprit de parti , soyez certain d'un vrai bonheur. Je vous le souhaite.

A ces paroles le fils d'Herschell s'élève dans les airs , emportant ses deux cages , ses ballons et ses ballonniers. Les habitans de *Moria* l'ont bientôt perdu de vue ; mais bientôt aussi toute la ville de *Moria* retentit de clameurs , d'applaudissemens d'un côté , et de désespoir de l'autre : (vous saurez pourquoi dans un autre moment.)

Frondeabus avait déjà passé la région des tonnèrres : chemin faisant , il rencontre un de ses cousins , habitant de Saturne. Le cousin , instruit de l'objet du voyage de *Frondeabus* , hausse les épaules. — Ma foi, cousin, j'ai connu la terre avant toi, et je n'y ai trouvé rien qui vaille ; je n'ai rapporté dans mon pays que l'idée d'un tout indigne de mes regards. — Ah, cousin, tu as tort... L'excès en tout est un défaut... A revoir.

Les astronomes *d'Herschellipolis* étaient à l'observatoire. Ils apperçurent le voyageur, et en donnèrent avis par le télégraphe. *Frondeabus* descendit, au milieu des plus vifs applaudissemens, et fut sur-le-champ conduit à l'Institut-national.

—Citoyens d'Herschell, dit le voyageur, me voici de retour. J'ai visité ce point opaque qui fut découvert par notre collègue l'astronome. Ce point opaque est une planette, qu'on appelle *la terre*. J'ai rapporté des échantillons de tout ce qu'elle produit. Mais avant de vous les exposer, je vous dirai que les habitans de la terre sont des êtres bien singuliers, bien ridicules, bien bizarres. Ils forment un tableau de bon et de mauvais, dont les variations sont incalculables. La terre est divisée en cinq parties : l'Asie, l'Afrique, l'Amérique, l'Europe et le pays de *Moria*. Leurs incoles sont différens de mœurs et d'usages.

En Asie, je trouve un luxe, une molesse ridicules ; des hommes voluptueux, des femmes charmantes, enfermées pour le plaisir d'un barbare despote et jaloux. En Afrique, on tient des marchés d'hommes, que l'on vend parce qu'ils sont noirs ; on les traite comme d'autres bêtes de travail. En Amérique, je jette quelques fleurs sur le tombeau de Francklin, et je ne trouve presque plus cette sagesse, dont l'immortel Docteur inspirait l'amour. En Europe, je trouve les nations en guerre,

on veut anéantir un peuple qui brise
ses chaînes ; il est fort, on le trahit ;
il triomphe, et l'on rampe ! Par-tout
je trouve la bizarrerie et le crime,
je veux parler... Les prêtres et les
dominateurs s'élèvent contre moi...
Je deviens l'ennemi du pays où je
me trouve.

En Afrique, on me vend avec
deux mille nègres ; je les couvre
d'un nuage et je les délivre. En Asie,
l'on veut m'empaler. Je frappe d'a-
veuglement mes bourreaux, et je
suis libre. En Amérique, je suis
condamné à être pendu... J'appelle
la foudre ; Francklin l'envoye, et je
disparais avec elle. En Europe, un
moine portugais me déclare sorcier,
je monte sur le bûcher, je me précipite en l'air.... Ces messieurs qui
ne voulaient point être venus pour
rien, se jettent sur le premier juif
qu'ils rencontrent, et le brûlent en

chantant le *Te Deum*. Je me réfugie en France. Je m'y plaisais beaucoup. Tout y sera bientôt digne de la nature ; cependant j'y voudrais voir le vice dans toute sa laideur... Le monstre y prend encore les traits de l'innocence et de la sagesse !

Dans le pays de *Moria* , je croyais trouver un peu plus de raison que dans les quatre autres parties du Monde. Pas du tout, c'était à qui ferait le plus de folies. Les hommes, les femmes, tout s'en mêlait ; plus on était ridicule , plus on avait la réputation d'être à la mode.

Maintenant je vais vous présenter différentes productions de la terre. Ces petits cailloux sont des montagnes ; voici des arbres les plus hauts que j'aie pu trouver ; ces herbes odoriférantes sont des fleurs. Les minéraux sont les mêmes que les nôtres ; mais admirez la sottise des peuples de la terre ! Chaque jour ils s'entr'égorgent pour la possession d'un peu d'or ou d'argent. Avec cet or et cet argent, ils corrompent tous les cabinets des puissances ; on se bat sans savoir pourquoi , et l'on achette la paix avec des diamans ou des milliards.

Dans cette bouteille , vous voyez ce qu'on appelle la mer. Les petits animaux que vous y remarquez sont des baleines , des narvals , des lions marins , des hypopotames et des cro-codilles. Ces poissons se mangent entr'eux comme les hommes ; j'ignore laquelle des deux espèces a donné l'exemple à l'autre ; mais ce dont je suis bien certain , c'est que les hommes se dévorent beaucoup plus que les poissons. Dans cette cage , j'ai fait une assez belle collection d'oiseaux ; dans cette autre , j'ai ren-fermé les quadrupèdes........ Tenez , voilà ce qu'on appelle *des hommes....*

— Des hommes !

— Eh oui , des hommes ! espèce particulière de quadrupèdes qui se croit douée de raison , de sagesse, de vertus , et par conséquent le plus parfait ouvrage du créateur. J'en ai rassemblé dans les cinq parties du Monde..... Ils sont mâles et fe-melles.... blancs , noirs , bruns , oli-ves , de toutes couleurs et de tout instinct...

—Mais, *Frondeabus* , ces hommes nous paraissent à peu près de la même structure. — Sans doute... Il y en a de beaux ; il y en a de laids... De bien faits, de mal bâtis... Tout cela est pêle-mêle...—Cependant en voici dans deux cages.... l'une est beau-coup plus petite que l'autre...

Citoyens, dans la petite cage, vous voyez de bons gouvernans , de bons ministres, de bons administrateurs...

de vrais savans, de vrais artistes ; des commerçans délicats ; des artisans honnêtes ; des pauvres sans envie ; des riches sans orgueil ; des hommes enfin, comme il en faudrait sur toute la terre... Tout cela est mâle et femelle... Et je ne doute point qu'à la première ponte, nous n'ayons une génération de même nature... — Mais qu'en ferons-nous, citoyen *Frondeabus ?* — Nous en enverrons sur la terre, elle en a bien besoin !

— Mais, *Frondeabus*, pourquoi vous être embarrassé de la grande cage ? — Je conviens, mes chers compatriotes, que j'aurais pu me dispenser d'emporter ce qu'il y a de plus mauvais sujets dans les cinq parties du Monde ; mais j'ai cru devoir les débarrasser de quelques monstres que nous placerons dans notre ménagerie, avec les tigres,

les lions, les léopards, les loups
et les panthères que vous voyez.

En même tems il ouvre la cage, il
fait sortir Monseigneur l'Archevêque,
et conta son histoire. Qui fut penaud?
Monseigneur. L'Abbesse n'était pas
plus à son aise. Madame *Pudica*,
se réveille et se trouva sur la paille
avec ses beaux habits de gaze. Elle
jette un cri perçant, se trouve sur
une grande table, environnée de
géans qui la regardent avec des
microscopes. Les fournisseurs n'é-
taient pas moins examinés, on fouillait jusques dans leurs poches ; ils
y avaient encore caché de l'or, des
diamans et des correspondances que
Frondeabus se chargea d'envoyer
en France et à *Moria*. Le sergent
Tintamarous, encore pris de vin,
manqua de perdre la tête en se
voyant tout autre part qu'au ca-
baret, ou à son corps-de-garde.

Le garde du cabinet d'histoire naturelle d'*Herchellipolis* fut incontinent chargé de placer les curiosités animées et inanimées qu'apportait *Frondeabus*. L'assemblée se sépara ; l'on travailla le jour même à construire les niches des nouveaux venus ; avec cette différence, néanmoins, que les hommes dignes de ce nom, furent libres d'aller partout où ils voudraient, tandis que les autres, resserrés dans leurs cages, devinrent l'objet continuel de la curiosité des habitans de la planette.

Le lendemain, *Frondeabus* fut appelé au conseil des gouvernans ; il fut questionné sur la politique des différens peuples qu'il avait visités, examinés, considérés sur la terre.

Citoyens, dit le voyageur, les nations de la terre sont toutes différentes de la nôtre. Elles ont mille manières de se gouverner, et elles ne peuvent vivre ensemble. Des royaumes d'un côté; des républiques d'un autre; des gouvernemens mixtes par ici ; des états anarchiques par-là..... Que voulez-vous que je vous réponde de satisfaisant ? L'homme souffre, il l'a mérité. Il ne fallait pas qu'il s'écartât des lois de la nature ; il a osé les méconnaître, il a forgé lui-même les fers dont il se plaint maintenant d'être chargé ! Le despotisme des rois , l'intrigue sacerdotale, ont aggravé ses malheurs ; c'était à lui à les prévenir, mais sa folie est extrême, mais sa démence est à son comble ; mais il sera toujours infortuné, misérable, abandonné de tous , tant qu'il ne consultera qu'un intérét sordide, tant qu'il changera de mode de gouvernement comme de chemise.

(Tel est le proverbe de France.)
Croirez-vous que dans cette même
France , c'est-à-dire , chez un
peuple créé par l'Éternel, pour donner l'exemple à la terre ; croirez-
vous , dis-je, que mille intrigans ,
nés dans la fange , sans pain avant
la révolution , à présent million-
naires , font la pluie et le beau tems ?
Croiriez-vous qu'on embrasse tel
ou tel parti, et que le plus faible
est celui de la véritable liberté ,
ennemie des formes acerbes, des
moyens de terreur et de l'effusion
de sang! J'ai lu dans l'avenir , qu'un
jour cette république naissante et
digne d'exister , deviendra le modèle des peuples ; mais il lui faut
des mœurs , et je voudrais voir
un cercle de vertus composé par
ceux qui la représentent ; car on
ne prêche jamais mieux que
d'exemple.

Le conseil, persuadé de la véracité du rapport de son envoyé, déclara à l'unanimité qu'il avait bien mérité de la planette d'*Herschell*.

Et si vous ne m'en croyez pas, allez-y voir ; mais convenez, frères très-chers, que vous n'avez pas grande philosophie, puisqu'il faut vous dorer la pilule, comme aux enfans, afin que vous puissiez guérir de tous vos maux.

FIN.

www.ingramcontent.com/pod-product-compliance
Ingram Content Group UK Ltd.
Pitfield, Milton Keynes, MK11 3LW, UK
UKHW021053150726
13693UKWH00007B/458